U0896831

# 序 言（一）

王风竹

2016年5月

城市是在人类社会发展中形成的。在一个城市形成与发展的进程中，它遗留有丰富的文物古迹，形成了各具特色
展脉络和文化特色的重要表征要素，其中近代建筑因其特殊的历史背景，在城市发展历程中被众多研究者所关注。一
有受到西方建筑文化的影响。鸦片战争以后，西方以武力强制打开了中国闭关锁国的大门，西方文化成为具有强势特
展变化。

武汉是一座有着3500年建城历史的城市，中国历史上许多影响历史进程的重大事件发生在这里。在武汉众多的城
近代最重要的对外通商口岸之一，英国、德国、俄国、法国、日本等国相继在汉口设立租界，美国、意大利、比利时
埠的持续繁荣，近代建筑在武汉逐渐蔓延开来，并逐渐成为武汉建筑乃至城市风貌的有机组成内容，其中包括宗教、
近代建筑，经历了北伐战争、抗日战争、解放战争的洗礼，经历了现代大规模城市开发的吞噬，消失者甚众，但目前
国重点文物保护单位20处（其中，汉口近代建筑群、武汉大学早期建筑皆包括多处独立建筑）、湖北省省级文物保护
中山大道历史文化街区，其中蕴含着大量近代建筑）（以上皆为2015年底的统计数据）。

武汉的近代建筑，是武汉重要的文化遗产，蕴含着丰富的历史文化信息，是近代武汉城市社会状况的重要物证，
旧址（湖北咨议局旧址）、辛亥首义发难处——工程营旧址、辛亥革命武昌起义纪念碑、辛亥首义烈士墓等，是辛亥
军事委员会旧址、八路军武汉办事处旧址、新四军军部旧址、国民政府第六战区受降堂旧址等，都是近代重要的历史
武汉大学早期建筑群，是近代中西合璧建筑典型的代表，也是武汉大学校园作为中国最美大学校园的重要景观组成
因而显得尤为珍贵。

从“武汉历史建筑与城市研究系列丛书”的写作计划及已完稿的书稿内容来看，该丛书主要针对武汉近代建筑
关阐述与分析深入而全面，可以作为展示与了解武汉近代建筑的重要读本。同时这套书还有一个作用，就是让更多的
畴，审慎地对待、探讨科学保护与更新的途径，让承载丰富城市历史信息的近代建筑得以保存下来、延续下去。最后

湖北省学术著作出版专项资金资助项目

武汉历史建筑与城市研究系列丛书

# 武汉近代领事馆建筑

徐宇甦　陈李波　吴诗哲　编著

武汉理工大学出版社

图书在版编目（CIP）数据

武汉近代领事馆建筑 / 徐宇甦，陈李波，吴诗瑶编著. 一 武汉：武汉理工大学出版社，2016.6
（武汉历史建筑与城市研究系列丛书）
ISBN 978-7-5629-5410-1

Ⅰ．①武… Ⅱ．①徐… ②陈… ③吴… Ⅲ．①领事馆－建筑－介绍－武汉－近代 Ⅳ．① TU-098.9

中国版本图书馆 CIP 数据核字（2016）第 261728 号

项目负责人：杨学忠
总责任编辑：杨　涛
责 任 编 辑：杨　涛
责 任 校 对：丁　冲
书 籍 设 计：杨　涛
出 版 发 行：武汉理工大学出版社
社　　址：武汉市洪山区珞狮路 122 号
邮　　编：430070
网　　址：http://www.wutp.com.cn
经　　销：各地新华书店
印　　刷：武汉精一佳印刷有限公司
开　　本：880×1230　1/16
印　　张：8.5
字　　数：190 千字
版　　次：2016 年 6 月第 1 版
印　　次：2016 年 6 月第 1 次印刷
定　　价：268.00 元（精装本）

凡购本书，如有缺页、倒页、脱页等印装质量问题，请向出版社市场营销中心调换。
本社购书热线电话：027-87515778　87515848　87785758　87165708（传真）

史街区，荟萃了不同历史时期的各类遗产，从而积淀了深厚的文化底蕴。在各类城市遗产中，历史建筑是体现城市发
言，中国近代建筑指近代形成的西式建筑或中西结合式建筑。鸦片战争以前，清政府采取闭关锁国政策，中国基本没
外来文化，不同形式的西式建筑陆续在中国出现，西方建筑文化开始对中国产生巨大影响，加快了中国近代建筑的发

史遗产中，近代建筑是其中丰富而独特的一部分。鸦片战争以后，中国开始了工业化，进入近代社会，汉口成为中国
麦、荷兰、墨西哥、瑞典等国也相继在汉口设立领事馆（署），西式建筑文化开始大量传入武汉。其后，随着汉口商
、办公、教育、医疗、住宅、旅馆、商业、娱乐、交通、体育、工业、市政、监狱、墓葬等众多的建筑类型。武汉的
仍然较大，仍然是中国近代建筑保有量最多的城市之一，许多重要建筑与代表性历史街区仍然保存完好，其中包括全
50余处、武汉市市级文物保护单位60余处、武汉市近代优秀历史建筑201处、第一批中国历史文化街区1处（江汉路及

汉作为中国历史文化名城的重要支撑。其中，部分建筑具有全国性的突出价值和影响力，如辛亥革命武昌起义军政府
的重要遗址或纪念地；中共中央农民运动讲习所旧址及毛泽东故居、中共八七会议会址 、中共五大会址、国民政府
；汉口近代建筑群，是武汉近代建筑的重要代表，是武汉城市特色的重要构成，也是中国较为独特的城市景观之一；
。上述这些近代建筑是武汉近代社会精神文化的物质载体，从一个侧面体现了中国近代社会中一座城市的变迁过程，

要建筑类型，史料价值很高，所选案例比较具有代表性，技术图纸、现状照片能够反映武汉历史建筑的基本特征，相
学者深入研究，进而间接提醒城市的管理者深入思考，将这些近代建筑与其共处的历史街区及环境纳入整体保护的范
望该丛书以更为完美的结果，早日、全面地呈现给社会。

# 序 言（二）

王晓

2016年5月

中国近代建筑，广义地指中国近代建设的所有建筑，狭义地指中国近代建设的、源于西方或受西方影响较大的
中国传统建筑体系的延续，二是西方建筑体系（主要包括西方传统建筑体系的延续及西方早期现代建筑体系，其中部
1~2层为主，所以在经历了近代多次战争及大多城市的现代野蛮再开发之后，在城市中已所剩无几。而属于西方近代建
之间，西方式样的近代建筑，在中国长期被视为殖民主义的象征，特别是租界建筑，大多被视为耻辱的印记，人们的
类建筑的历史文化、科学技术与艺术价值也逐步得到社会的广泛重视，保护力度日益加强。

在当代中国城市中，近代建筑保有量与原租界面积大小密切相关。在近代中国，上海、天津、武汉、厦门、广州
相关，并据初步调查，中国目前存有近代建筑最多的城市，当属上海、天津、武汉。

1861年汉口开埠以后，英国、德国、俄国、法国、日本等国相继在汉口开辟租界，美国、意大利、比利时、丹麦
武汉快速发展。民国末期，近代建筑已经成为武汉城市风貌特色的重要组成部分。目前，武汉的近代建筑保有量及丰
布在汉口沿江历史风貌区内；以武昌次多，主要分布在武昌昙华林历史街区及武汉大学校园内；其余零星分布于武汉
几乎涵盖了西方古代至近代的主要建筑风格，且不止于此，主要包括西方古典风格、巴洛克风格、折衷主义风格、西
期建筑群、湖北省图书馆旧址、翟雅阁健身所等，具有显著的中西合璧特点；如古德寺，完美地糅合了中西方与南亚

武汉近代建筑，还包括大批各级文物保护单位及武汉优秀历史建筑，充分说明了武汉近代建筑具有独特的价值；
市研究系列丛书”选择了其中最能反映武汉近代建筑特点的教育建筑、金融建筑、市政·公共服务建筑、领事馆建筑
等类型，以简明的文字、翔实的图纸与图片，展示了其中的典型案例。虽然其中仍然存在一些瑕疵，但作为相关建筑
点。

近20年来，武汉理工大学不断对武汉近代建筑进行测绘及研究，形成了大量相关成果，因此，此丛书不仅凝聚着
和房屋管理局及武汉市城乡建设委员会等政府部门的相关领导一直敦促与支持武汉理工大学深入进行武汉近代建筑的

。一般情况下，多指后者。广义的中国近代建筑，可称为“中国近代的建筑”。这些建筑，主要属于两大体系：一是
筑糅合了中国传统建筑的某些特征）。属于中国传统建筑体系的近代建筑，由于采用了相对较易受损的木结构，且以
系的中国近代建筑，由于结构相对不易受损，所以虽然损毁较多，但在部分城市中仍有较多遗存。约在1950—1990年
意愿淡薄，甚至不愿意保护；约在2000年以后，随着历史建筑大量、快速的消失，以及国人文化视野的逐渐开阔，此

江、九江、杭州、苏州、重庆等城市曾设有不同国家的租界，其中依次以上海、天津、武汉、厦门的面积为大。与其

兰、墨西哥、瑞典等国在汉口设立领事馆，外国许多银行、商行、公司、工厂、教会也逐渐在武汉落户，近代建筑在
，在全国仍然位于三甲之列，仍然是武汉城市风貌特色的重要组成部分。武汉现存的近代建筑，以汉口最多，主要分
。上述建筑，包括办公、金融、教育、医疗、宗教、居住、商业、娱乐、工业、仓储、体育等诸多类型。上述建筑，
期现代建筑风格、中西糅合风格等等，可谓琳琅满目、丰富多彩。其中，许多建筑具有较强的独特性，如武汉大学早
风格，即使在世界范围内也属较为独特的。
，还包括一些暂时没被纳入文物保护单位或武汉优秀历史建筑目录的，也具有珍贵的保护价值。“武汉历史建筑与城
馆·别墅·故居建筑、洋行·公司建筑、近代里分建筑、宗教建筑、公寓·娱乐·医疗建筑、饭店·宾馆·交通建筑
与设计的参考，作为建筑爱好者的知识图本，仍然具有较为全面、较为丰富、技术性与通俗性结合、可读性较强的特

者的心血，也凝聚着武汉理工大学相关师生的多年积累。近些年来，湖北省文物局、武汉市文化局、武汉市住房保障
，社会各界对武汉近代建筑的关注也不断升温，因此，此丛书的出版也是对上述支持与关注的一种回应。

# 前 言

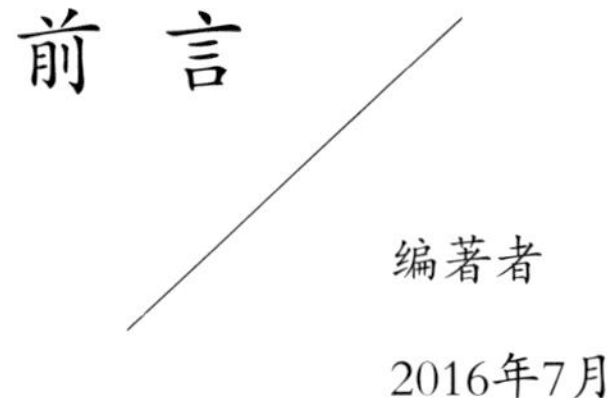

编著者

2016年7月

自汉口1861年开埠以来，西方列强纷纷涌入，在沿江大道边划分了英国、俄国、法国、德国、日本等国租界。随

许多优秀的历史建筑类型都是在当时产生的，每一类建筑都有其独特的建筑艺术风格与建筑历史价值。本书选取了武

武汉近代领事馆建筑处于承上启下、新旧接替、中西交汇的过渡时期，既包含着中西方文化的交融，又见证了近

了解武汉近代建筑发展状况，探讨近代建筑发展中的消极方面和积极方面，认识其艺术价值及艺术特点，对总结近代

意义与实践意义。

本书着重探寻以下三个议题：

（1）以“历史信息”的真实性为要义，采用实地勘测与档案查阅相结合的方式，为武汉近代领事馆建筑建立详细

研究人员广泛地采集素材，反复分析、分类、筛选，精心构思编排，直至汇总，并以不同的建筑类别，收录建筑

国领事馆、瑞典领事馆。图纸绘制以实地测绘为主，辅以历史考证与档案查阅，力求领事馆建筑信息的真实性、完整

①技术图纸部分，以实测线稿为主，具体包括建筑平面、立面、剖面、门窗大样、节点构造、方案深度。

②实景照片，照片部分对应线图、细部大样等，更加全面、真实、直观地解析建筑，包括石雕、楼梯、栏杆、

③文字描述，由领事馆建筑的历史沿革与发展历程组成。

（2）学术研究与大众普及并重，在深度上挖掘武汉近代领事馆建筑的特征与脉络，在大众中广泛普及推广武汉优

通过文字、实测线图、实景照片、分析图相结合的表现形式，图文并茂地展现武汉近代领事馆建筑的风采与特色

力争艺术欣赏价值与学术科研价值并重。这样做目的有二：

①在武汉市民中推介武汉近代领事馆建筑，扩大公众参与层面，提升市民历史文化修养，同时也将文化武汉的概

②通过线描图纸加上照片、建筑信息模型这样直观的表现形式，可以对武汉近代领事馆建筑进行虚拟展示（毕竟

界的划定，西方建筑风格开始逐渐渗入到武汉近代城市建设中，昔日荒芜空旷的滨江地区，逐渐成为了现代都市区。

代领事馆建筑作为介绍重点。

史发展的轨迹。部分建筑被保留到了现在，成为武汉近代建筑的重要组成部分，对当代中国建筑研究有很大的影响。

的发展规律与艺术表现方式、比较近代建筑的发展保护策略、为我国建筑保护与再利用提供借鉴等，都有重要的理论

绘图纸与文字档案

、资料保存相对完整的七个案例，具体包括：英国领事馆、俄国领事馆、美国领事馆、日本领事馆、德国领事馆、法

代表性。所建立起的武汉近代领事馆建筑档案，包括三个部分：

、建筑装饰及色彩运用等。

史建筑文化

力求在图例、图形处理上做到构图新颖、表达准确、艺术性强，文字撰写精炼明了、可读性强，结构编排合理有序，

向全国，进而走向世界。

建筑已经遭到损毁），并且凭借互联网的优势让传播武汉文化和展示武汉风采没有地域空间的限制。

（3）通过分析图则这一独特方式，对武汉近代领事馆建筑进行系统分析与归纳、整理

结合专业特点，本书主要采用分析图则的方式，结合相应资料进行梳理，对既有技术图纸进行图则分析。此做法

①基于建筑平面图的分析图则，主要包括：建筑构图分析、轴线分析、建筑功能与流线分析等。

②基于建筑立面图的分析图则，主要包括：体量分析、构图分析、设计手法元素分析等。

③基于建筑剖面图的分析图则，主要包括：自然采光与通风、构造分析等。

④基于门窗建筑大样与节点构造的分析图则，主要包括：细节处理分析、构图比例分析等。

当然，由于全书涉及内容庞杂，难免有所遗漏，不足之处恳请海内外专家批评指正。

《武汉近代领事馆建筑》在编著过程中得到湖北省文物局、武汉市房地产管理局等单位的高度重视，同时在具体
并力所能及地提供后备保障与支持，没有他们的帮助，本书的编著工作实难完成，在此一并表示感谢。

势在于：清晰明确，系统全面，且对现今的建筑设计具有很强的参照性和借鉴性。分析图则的构成和思路具体为：

过程中获得了大力的协助与支持，此外武汉理工大学土木工程与建筑学院的各级领导对本书的编著工作也极为重视，

# 目录

# 0
# 导言

# 导言 武汉近代领事馆建筑

1861—1898年，英国、德国、俄国、法国、日本相继在汉口建立租界，并以西方的城市规划和建筑理念打造了“汉口五国租界区”。在租界中最有代表性的建筑物当属各国的领事馆建筑，当时武汉共有外国总领事馆、领事馆约14所，它们分别是英国、法国、美国、俄国、德国、意大利、日本、瑞典、挪威、丹麦、荷兰、比利时、墨西哥与葡萄牙等国领事馆。汉口的众多领事馆建筑风格各异，使得武汉市民不出远门，便可领略到异国建筑的风采神韵。

领事馆建筑，作为外交建筑的一种重要类别，承担着特殊的功能与使命，其社会职能主要表现为特定时期“有约国”在通商口岸所在国的外事管理工作。领事馆建筑发挥着文化名片与宣传工具的作用，其肩负的象征意义较一般建筑大许多。新中国成立后，汉口租界里的外国领事馆逐渐被武汉市政府接管，并因其卓越的造型与完备的功能，被诸如武汉市人民政府、湖北省电影发行公司、武汉人才市场等机关企业继续使用，一如既往地向市民展现出这些近代优秀建筑的历史神韵。

## 第一节 武汉近代领事馆建筑发展历程

表0-1 武汉近代领事馆建筑简况

| 领事馆建筑 | 建成年份 | 变更后使用功能（单位） | 设计师 | 地理位置 | 结构 | 备注 |
|---|---|---|---|---|---|---|
| 英国领事馆 | 1861年 | 闻一多基金会 | 不详 | 汉口天津路10号 | 砖木 | 汉口最早的领事馆建筑 |
| 法国领事馆 | 1892年 | 武汉市政府老干部住宅 | 不详 | 汉口洞庭街81号 | 砖木 | 武汉市二级优秀历史建筑 |
| 德国领事馆 | 1895年 | 武汉市人民政府外事局 | 韩贝（德国） | 汉口沿江大道130号 | 砖混 | 武汉市文物保护单位 |
| 俄国领事馆 | 1902年 | 洞庭壹号会所 | 不详 | 汉口洞庭街74号 | 钢混 | 武汉市一级优秀历史建筑 |
| 美国领事馆 | 1905年 | 武汉市人才市场 | 不详 | 汉口车站路1号 | 砖混 | 武汉市文物保护单位 |
| 日本领事馆 | 1930年 | 汇申酒店 | 福井房一（日本） | 汉口山海关路2号 | 砖混 | 武汉市优秀历史建筑 |
| 瑞典领事馆 | 1890年 | 居民住宅 | 不详 | 昙华林107号 | 砖混 | 武昌历史上唯一的领事馆驻地 |

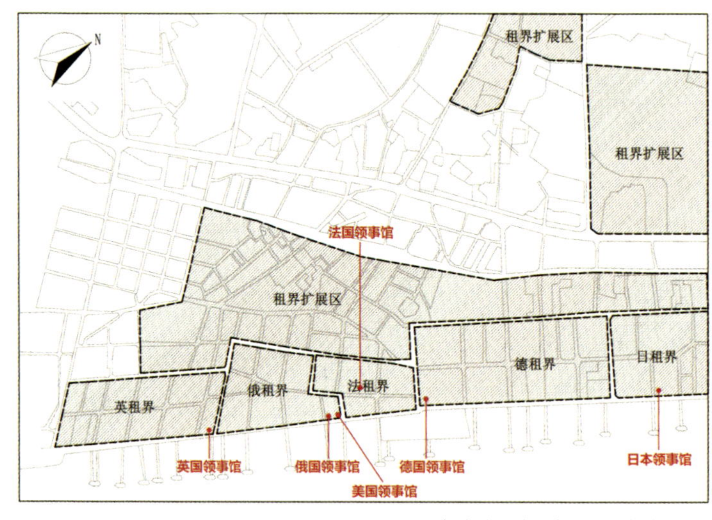


图0-1 领事馆建筑分布图（依资料改绘）

驻汉口的各国领事馆建筑多数分布于沿长江3600m的租界区内，租界排列顺序依次为英国、俄国、法国、德国、日本等国租界，许多领事馆面临沿江大道，地理位置显要，地位形象尤为突出，承担着管理当地本国侨民和其他领事等诸事务。与领事馆配套的还有一些办公居住建筑。随着时间的推移，各国领事馆馆址也几经变化，其中，瑞典领事馆迁馆1次，俄国与美国领事馆各迁馆2次，仅法国、德国与英国领事馆馆址保持不变。

表0–2　武汉近代领事馆发展历程

| 时间 | 事　件 |
| --- | --- |
| 1861年 | 英国正式在汉口设立英租界，并设立英国领事馆。 |
| 1895—1898年 | 俄国、法国、德国、日本相继在汉口设租界，建领事馆。 |
| 1911年 | 武汉共有外国总领事馆8个，即：英国、美国、俄国、法国、日本、德国、意大利、比利时总领事馆；外国领事馆6个，包括瑞典、丹麦、挪威、荷兰、葡萄牙、墨西哥领事馆。英国驻汉领事代理奥地利、西班牙两国领事业务，美国驻汉领事代理瑞士领事业务，刚果在汉权益则由比利时领事代理。 |
| 1917年 | 第一次世界大战爆发，由于中德断交，德国驻汉口总领事馆随即关闭。同年，俄国十月革命胜利，新政权建立，俄国驻汉口总领事馆随即关闭。 |
| 1937年 | “七七事变”爆发，日本驻汉口总领事馆暂时关闭，领事馆人员前往上海总领事馆办公。 |
| 1938年10月 | 武汉被日军占领，日本总领事馆随之开馆，英国、德国、美国、意大利等国在汉口的总领事馆以及法国、荷兰、挪威、比利时、丹麦、芬兰、西班牙、葡萄牙、刚果、瑞士10国在汉口的领事馆，仍然维持办公。 |
| 1941年12月 | 太平洋战争爆发后，德国、意大利、日本3国在汉口的总领事馆和法国、丹麦、葡萄牙、西班牙、瑞士等8国在汉口的领事馆继续办公，英国、美国、荷兰、挪威、芬兰、刚果、比利时7国领事馆关闭，日军拘押英美总领事并将其遣送出境，其领事权益交给瑞士领事代管。 |
| 1949年5月16日 | 武汉解放初期，尚存美国、英国、法国、挪威、瑞典、丹麦6国领事馆，而后于1949年10月至1951年人员相继撤走。 |

现在完整保存下来的有美国、德国、英国、法国、日本、俄国、瑞典领事馆，这些留存下来的领事馆建筑成为历史的见证、艺术的瑰宝，弥足珍贵，它们是传承汉口建筑历史文化的重要载体。

## 第二节　武汉近代领事馆建筑特征

领事馆建筑发挥着国家名片的作用。建在他国的领事馆建筑，有时甚至比本国的建筑做得还要精致漂亮。毕竟，从某种意义上来说，领事馆建筑绝非单纯的外交办公建筑，还应该象征着一个国家的国力，这就要求领事馆建筑不仅在建筑质量上要精益求精，而且在艺术造型上也要力求经典高雅。时光荏苒，时过境迁，这些领事馆建筑中凝结着的历史记忆与艺术成就，非但没有泯灭，反而历久弥新，浓郁且耐人寻味。

### 一、建筑平面特征

现存的武汉近代领事馆建筑体量都较大，集合了办公、馆舍、官邸等功能以及辅助建筑于一身，有的围合成庭院，用装饰优美的栏杆或院墙围绕。武汉层数最高的领事馆建筑当属俄国领事馆，为四层建筑。但据记载，俄国领事馆刚修建时，仅为两层办公用房，其上两层为电影发行公司加建。其余领事馆皆以二、三层为主。建筑单体平面以集中式为主，外墙凸出较少，房间形状大多为矩形，这些都可以很好地控制能源的消耗。

各国领事馆在平面上都有一个共同的特点，那就是在出入口处设置宽阔的门厅作为交通枢纽空间，起到内外空间过渡、内部人流分配的作用，使人流交通及内部空间的使用更加便捷。楼梯往往设置在门厅不远处，方便通往上面的楼层，并使建筑入口、门厅、楼梯三者之间联系紧密，导向性明确。



而领事馆建筑的交通组织又可细分为外廊式与内廊式。

## （一）外廊式

武汉的气候属于亚热带季风气候，然而西欧殖民国家的气候较凉爽，进入亚热带地区，难免不适应酷热天气。在当时没有冷气设备的条件下，外廊的设计使建筑在炎热的夏天既有良好的通风，又避免了阳光的直射。而且在建筑设置外廊是亚热带及热带土著人传统住宅中常用的形式。

外廊的设计使全部水平交通依靠楼梯厅和外廊，房间集中在中部。在立面上则给予了西欧列柱式更大的发挥空间，由柱子支撑外廊，原来的窗户、门、外墙面都退到外廊内侧，使建筑有了虚实变化，增加了立面的层次，可视为欧洲建筑外廊化。殖民地早期建筑，绝大多数都兼具多种功能，例如住宅、办公、仓库、娱乐等，外廊的设置则是室内空间的延伸，这里成为了人们的活动空间——喝茶、聊天、读书、小憩等，是日常生活中必不可少的空间。

外廊的设置有时单面，有时几面。在三面设置时，一般在两侧面就截止了。主要布置方式如表0–3所示。

表0–3　外廊布局类型

| 外廊布局类型 | 对应图例 | 典型案例 |
| --- | --- | --- |
| 环形外廊 |  | 德国领事馆 |

续表0-3

| 外廊布局类型 | 对应图例 | 典型案例 |
| --- | --- | --- |
| U形外廊 | | 法国领事馆 |
| L形外廊 | | 瑞典领事馆 |
| 单侧外廊 | | 英国领事馆 |

## （二）内廊式

在领事馆建筑中内廊式并没有外廊式常见，内廊式建筑内部的交通联系主要依靠内廊，平面无外廊或外廊仅作为阳台使用，典型案例有英国领事馆与美国领事馆。这两栋建筑的平面布局都较为紧凑，在建筑内部都设有宽敞的内廊联系各房间，使建筑流线更加清晰，提高了工作效率。

## 二、建筑造型风格

武汉近代领事馆建筑的造型风格，不仅受到西方建筑思潮的影响，而且融入了地域文化元素，这些都使得领事馆建筑风格鲜明、特征丰富（表0–4）。

表0–4　建筑艺术风格列表

| 建筑艺术风格 | 特点 | 建筑案例 | 图例 |
| --- | --- | --- | --- |
| 新古典主义风格 | 1.提倡复兴古希腊、罗马的建筑装饰艺术<br>2.构图规整，天花用线脚装饰 | 英国领事馆 |  |
| 殖民地式风格 | 1.西方古典主义建筑传入印度、东南亚后，为防日晒、潮湿和飘雨等天气，在建筑外围做一圈或一段外廊<br>2.建筑外廊兼有交通或起居、观景功能，同时也适应了殖民者的生活需要 | 德国领事馆 |  |
| | | 法国领事馆 |  |
| | | 瑞典领事馆 |  |

续表0–4

| 建筑艺术风格 | 特点 | 建筑案例 | 图例 |
| --- | --- | --- | --- |
| 折衷主义风格 | 把各种古典建筑风格混用在同一种建筑中，没有固定的建筑风格，只讲求比例均衡，注重形式美 | 俄国领事馆 | |
| | | 日本领事馆 | |
| 巴洛克风格 | 1.外形自由，追求动感，运用华丽的装饰与雕刻、强烈的色彩对比、穿插的曲面和椭圆形空间<br>2.布局开敞，趋向自然，以城市为出发点设计建筑 | 美国领事馆 | |



## （一）新古典主义风格

18世纪60年代到19世纪，欧洲各国的古典复兴建筑风格发展正旺。采用这种建筑风格的主要是法院、银行、博物馆、交易所、剧院等公共建筑和一些纪念性建筑。领事馆属于外交建筑，又是一个国家的代表建筑，因此选用新古典主义风格便顺理成章。古典复兴建筑风格突出形体的典雅与庄重，强调细节的雕塑感，其代表案例便是英国领事馆（表0–5）。

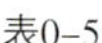

表0-5

英国领事馆

正立面图　　壁炉大样图　　门窗大样图

英国领事馆建于1861年，是汉口最早的领事馆建筑。目前仅存的这栋楼，已有百年以上建筑历史。当时英国处于维多利亚女王时代，英国国内崇尚清教徒式的生活方式，秉承简朴克制的思想，这一思想也体现在英国领事馆的建筑造型之中。这栋建筑为两层砖木结构，外观立体四方形，去除任何外墙雕饰，没有任何立柱，没有繁复的石头雕刻，而是采用拱形框架门窗，用弧形线条使整个简单的直线条立面产生韵律感。

英国领事馆建筑立面朴实无华，奶黄色的水泥拉毛外墙墙面使整个色调温暖而舒适，红瓦覆盖的坡状屋顶上耸立着两个砖砌的烟囱，建筑整体构图规整，天花用线脚处理，虽然较其他领事馆造型而言，英国领事馆不算华丽，甚至略显朴素，但整体而言仍堪称武汉近代建筑中新古典主义样式的代表之作。

## （二）殖民地式风格

殖民地式风格主要指殖民地外廊风格，最初源自南亚殖民地地区，并于18世纪末19世纪初传入欧洲，进而转化为别墅的形式——班加庐（Bungalow）。该形式一般由富裕阶层使用，之后在驻地领事馆或外交官公馆、商行等建筑中频繁采用（表0-6）。

表0-6

德国领事馆

柱头细部

玻璃天顶

德国领事馆建筑的立面以连续半圆拱券为主要的构图要素，形成“回”字形廊道，廊柱采用多立克柱式，立面简单而有秩序，券顶、柱子、栏杆、屋顶的水平檐口线条均刷成纯白色，与暖黄色的水泥拉毛墙面、红色小平瓦坡屋顶形成了非常鲜明的对比，是典型的殖民地建筑风格的体现。窗户多为长方形，略带线脚装饰，屋顶中部设有德国传统风格的塔楼，塔楼四面开半圆形天窗，既满足了室内采光要求，又丰富了建筑立面。屋顶四角各建一圆形穹顶角塔，色彩和细部的处理非常丰富，而且立面有明确的横向划分，呈对称构图。建筑内部尤为特别的是在二层楼面与阁楼层之间设有一玻璃采光顶棚，使得室内空间有轻盈通透之感。天花采用石雕花饰，楼梯位于采光顶棚之下，木雕精美，具有浓郁的德式建筑风味。

### （三）折衷主义风格

汉口开埠以来，各国纷纷来到武汉发展贸易，在租界内部大量建造住宅、使馆、洋行、银行、教堂、医院、学校、饭店等建筑，这些建筑在整体布局、造型、细部及空间营造方面，或多或少地保持着中国传统建筑元素以及建造者本身的审美观念，当然还融合了西方建筑文化，越过古典主义与浪漫主义在建筑创作中的局限性，是一种新的“集仿主义”。领事馆建筑折衷主义的代表当属俄国领事馆（表0–7）。

表0–7

俄国领事馆

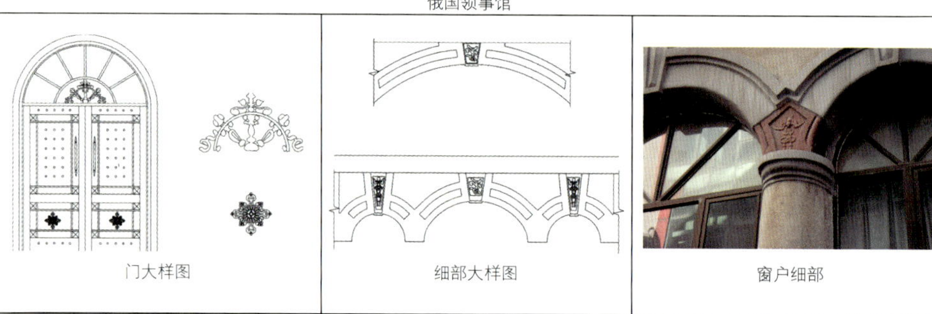

门大样图　　细部大样图　　窗户细部

俄国领事馆平面呈扇形，中轴对称，主入口居中设置。立面水平三段式划分，比例协调，气势宏伟。临街立面外墙两端伸展向外，产生向外延伸的动感。立面上的窗户大部分为拱券窗，窗间墙面有突出的壁柱，强化竖向线条，将立面竖向划分为五个部分，使建筑整体构图和谐严谨。

建筑入口位于正中，门廊为平顶券柱式，造型精美别致，门斗上方形成一个小阳台，栏杆镂空雕刻，精巧华丽，营造出一个舒适优雅的小空间，流露出少许浪漫主义的建筑风格。建筑立面上均为拱券式门窗，柱子上还有雕花装饰，古典主义韵味浓厚。建筑背立面亦设有门斗，门窗均为拱券檐饰，使其与其他立面的风格相呼应。整个立面风格杂糅，极具折衷主义风范。

### （四）巴洛克风格

巴洛克建筑在西方盛行于17~18世纪，该建筑风格讲究富丽堂皇与神秘之感，美国领事馆就是其中的一个代表（表0-8）。

表0-8

美国领事馆

门窗大样图　栏杆大样图

美国领事馆主入口设在中间位置，上部凸出半圆形门楼到顶，前半部分二层为一个大的露台，门厅上部设有采光天窗。外侧是八边形角塔，形成内聚的动势。窗户均为拱券窗，窗间墙面有突出的壁柱，外墙用红砖砌筑，时而凹凸，时而平缓，宏伟别致，优雅而富有韵律。弧型窗与起伏的墙面相呼应，互相衬托，颇具动感。楼层之间有腰线装饰，檐口还设有檐线与小型凹条墙饰，增加了层次感。建筑顶部的两个角塔使其颇具欧洲中世纪城堡之风。美国领事馆檐部及角塔都设有女儿墙，并在上部建有铁艺栏杆。精致的造型与别致的细节处理，都使得该建筑流露出巴洛克风格的奢华之感。

图0-2　德国领事馆入口做法

图0-3　美国领事馆复合券窗

图0-4　俄国领事馆组合门窗

## 三、建筑细部

### （一）入口

领事馆建筑为了突出出入口采用了多种设计手段。将出入口外凸或者内凹，利用传统的柱式、对称的布局、悬挑的阳台、高大的台阶、明确的轴线、独特的窗户、弧形的券门、特殊的门窗组合等等，结合多种手法，将重点予以突出。德国领事馆便是一个很好案例。

德国领事馆突出的门楼自然形成了入口空间。券门外伸出六级台阶，强调了入口的延伸感。门楼上方自然形成一个小阳台，阳台上的拱券栏杆与入口门洞相呼应，显得相得益彰，富于变化，从而将入口空间予以强调与突出（图0-2）。

### （二）门窗

门窗是一座建筑的主要构图元素，决定着建筑的风格、形态。武汉属于亚热带地区，领事馆建筑上的窗户尺度一般较大，门窗形式也较为多样，有直线型与曲线型两种形态。直线型门窗，窗框各部分均由直线组成，领事馆建筑的大部分门窗都依循此形式，做法较为简洁，装饰效果毫不逊色于曲线型门窗。而曲线型门窗则主要以门窗顶为曲线，形式主要包括弧形顶、尖券型顶与圆形顶。

武汉领事馆建筑中还有大部分门窗组合形式，多个门窗通过一定方式进行组合排列，形成造型新颖、通透性强、重点突出的效果，并且能够在立面造型上发挥调节尺度、烘托轴线、强调水平或垂直线条的作用。门窗的组合方式多样，有的采用两个或者三个单窗形成复合窗或者复合券窗，例如美国领事馆（图0-3）。有的则是两个窗户与门的组合，由此来强调入口空间，例如俄国领事馆主入口处一个大的券门两侧有两个小的券窗（图0-4）。

图0–5　德国领事馆

## （三）柱式

柱式是建筑的一种结构样式，由柱子和檐部构成。古希腊时期产生了古典柱式，柱子不仅仅承担了承重的作用，还有装饰、造型的用途，典型的古典柱式有塔斯干式、多立克式、爱奥尼式、科林斯式、复合式。武汉近代领事馆建筑大量采用柱式，室外采用多立克柱式，而室内主要运用爱奥尼柱式。柱式也相应做了一些简化，其中，柱身没有了古典柱式的凹槽，而是变得光滑。建造柱子的材料也与原来不同，柱子不仅仅用石材建造，还有用木材以及红砖砌筑的。而柱头与柱础也变得更加简洁，例如：法国领事馆采用了叠柱式的做法，柱式简化为多立克式。此外德国领事馆外廊采用券柱式的做法，使得建筑端庄大气的同时不失通透轻盈。

柱式在武汉近代领事馆建筑中的应用大体可以分为两种，一种是设在立面外廊与建筑入口门楼处，另一种是仅起装饰作用的壁柱。前者的典型案例有德国领事馆与俄国领事馆。德国领事馆在外廊设置一圈柱子，起到支撑外廊的作用，俄国领事馆在立面两侧设置柱子，突出了主入口，强调领事馆建筑的中轴线。而后者则更多采用装饰性的壁柱，例如俄国领事馆窗户周围的大量壁柱，不仅突出建筑竖直向上的动势，而且使立面更加丰富（图0–5至图0–7）。

图0–6　俄国领事馆门楼柱式

## （四）阳台

阳台在武汉近代领事馆建筑立面上有很强的装饰效果。阳台的造型多样，有的采用砖柱墩与铁栏杆相结合的方式，富有变化，如英国领事馆。德国领事馆的阳台则采用砖砌宝瓶状镂空栏板，厚重敦实，风格独特。俄国领事馆的阳台全为铁质雕花栏杆，雕刻精美，十分华丽。

图0–7　俄国领事馆壁柱

图0-8　俄国领事馆入口阳台

图0-9　美国领事馆露台

图0-10　美国领事馆女儿墙

阳台在建筑中所处的部位也有不同，一种是阳台位于入口门楼上方，利用其突出建筑入口，挑出部分还能充当雨篷，装饰与功能兼备，如俄国领事馆入口处（图0-8）。另一种则是形成一个大的露台，使建筑富有层次与变化，构图更加丰富，如美国领事馆（图0-9）。

## （五）屋顶与女儿墙

屋顶作为建筑的顶部构筑物，不仅起到了为整个房间遮风挡雨的功效，还丰富了建筑立面，使整个建筑更加完整，构图更加和谐。武汉近代领事馆建筑的屋顶形式多样。作为建筑物最上部的构图元素，屋顶在整个建筑立面上起到了重要的作用，例如形成构图中心、强调对称构图、强调入口等。

武汉近代领事馆建筑的屋顶多为四坡屋顶，为了屋内壁炉的使用，屋顶上方设有烟囱，各式各样的烟囱丰富了屋顶造型，形成独特的立面风景。以下以美国领事馆与德国领事馆为例具体说明。

美国领事馆屋顶结合了多种屋顶形式，部分为四坡顶，部分为可上人屋顶，其女儿墙采用铁质雕花栏杆，精巧别致，更加衬托了美国领事馆的华贵。该建筑前半部一层，后半部三层，外侧的八边形角塔向上延伸，高度超过四坡顶，形成了一个高低错落的建筑天际线，使建筑显得活泼而富有动感（图0-10）。

而德国领事馆则在屋顶中部设有德国传统的塔楼，四面再开半圆形窗，这样做既满足了阁楼的采光需求，又增强了屋顶的层次感与通透感，同时强调了立面的对称性。

# 01
第一章

# 第一章 英国领事馆

1861年，汉口划定英租界。英租界的第一栋建筑，就是英国驻汉领事馆官邸，原名“英国工部长官官舍”，现位于汉口天津路10号。英国领事馆是近代武汉建筑史上的第一栋西洋建筑，也是当年汉口第一个外国领事馆，集办公与住宿于一体，既是英国领事馆的办公机构所在地，也是总领事及副总领事的官邸。



## 第一节 历史沿革

英国领事馆历史沿革

| 时 间 | 事 件 |
|---|---|
| 1861年3月 | 英国与清政府地方官订立了《汉口租界原约》，划分了英殖民地租界。 |
| 1861年4月 | 英国驻汉口领事馆开馆，管辖范围包括：湖北、湖南、江西、陕西、甘肃、宁夏、青海、河南。 |
| 1927年3月 | 汉口英租界收归国有，改为汉口第三特别区。领事馆仍维持工作。 |
| 1941年—1945年 | 日军强制遣返英国领事馆官员，领事馆被迫关闭四年。 |
| 1944年12月 | 美军对被日军占领的汉口进行报复性轰炸，从一元路到黄埔路的日租界几乎被夷为平地。英国驻汉领事馆被炸毁一栋，炸损一栋。 |
| 1946年 | 二战结束，英国驻汉口总领事重新上任，对领事馆进行了重修。 |
| 1951年4月 | 英国驻汉领事馆关闭，正式撤馆。 |
| 2012年11月23日 | 武汉市政府将英国领事馆公布为优秀历史建筑，挂牌进行保护。 |

## 第二节 建筑概览

英国领事馆官邸是租界之中最为独立的社区。领事馆周围方圆很大面积内并不兴建另外的建筑，以草坪、花园以及围栏与四周隔绝，像极了英国古老的庄园建筑格局。开阔的地域划分了相邻的位置，保持一块独立的天地。这样的别墅式的建筑体没有相邻很近的邻居，采取的是相对封闭的18世纪的庄园生活方式。

英国领事馆原设计者及施工单位不详，原有房屋包括领事馆办公楼共3幢，共有房间23间；领事馆舍有房间13间；连同周围花园共16320m$^2$。该馆曾于1944年武汉大轰炸之中被炸毁1幢，1946年重建1幢修理1幢，由上海冯发记营造厂承包，造价为2.62亿旧币。1990年之后再次维修。目前保留得最为完好的一幢楼为红色坡状瓦顶奶黄色墙面的两层砖木小楼房。

官邸建筑显示出典型的19世纪的殖民特色，不仅仅只是古朴的英式民舍风格，而且综合了印度、印尼等热带国家房屋的建筑样式，三面皆有券廊式露台，这与英国国内的大多数房屋建筑样式不同。英国气候阴郁潮湿，英国人的屋子一般建造得比较封闭，只是在天气好的时候才会把餐桌或茶几摆到花园里来。但居住在汉口，夏季乘凉必然需要开敞的建筑空间，由此产生了一楼两面大游廊和二楼面对长江的宽大露台。红色的瓦顶、高耸的烟囱、奶油黄色的拉毛外墙，入口设平台式门斗，侧面开窗作为采光亮顶。没有了鲜花绿草的烘托，局促在林立的楼群间，它依然保持着它原本的端庄和美丽。

英国领事馆照片详见图1-1至图1-5所示。

图1-1　英国领事馆透视图

图1-2　走廊

图1-3　二层阳台

图1-4　老虎窗

图1-5　月亮门

## 第三节　技术图则

依据建筑实测图纸，部分辅以三维建模，用技术图则方式解析英国领事馆建筑的环境布局、平面布置、功能流线、围护结构、采光及通风等规划建筑诸元素。英国领事馆技术图则详见图1-6至图1-30所示。

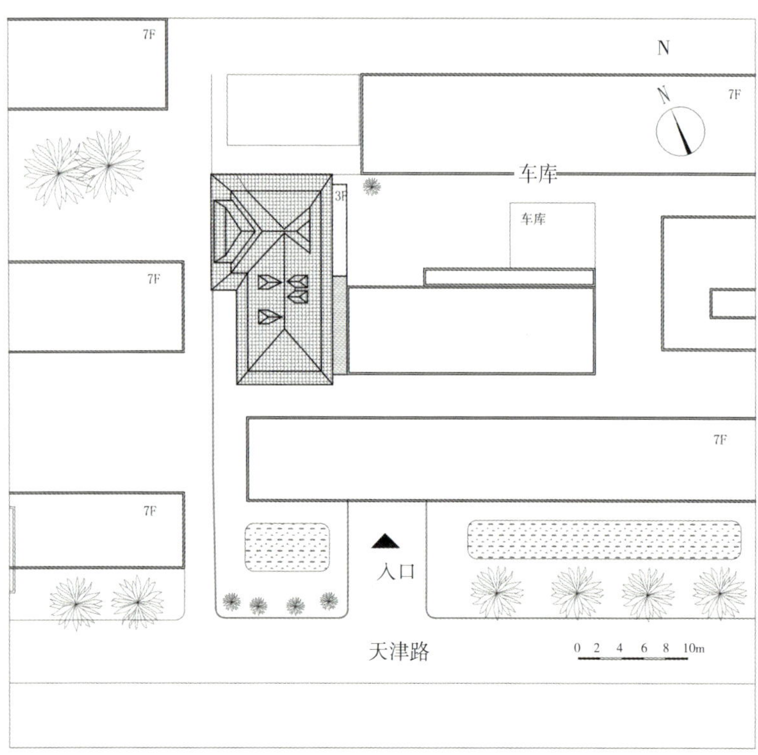


图1-6　街道关系

◆　图1-7~图1-9：英国领事馆平面为内廊式，内廊式建筑内部的交通联系主要依靠内廊，建筑平面布局紧凑，内部主要由内廊联系各个房间，使建筑流线更加清晰，提高了办公效率。

图1-7　一层平面图

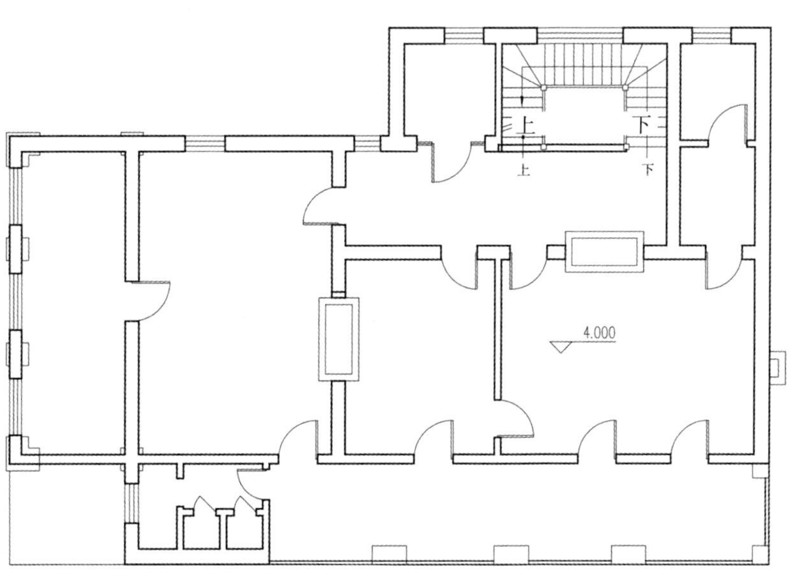


0　1　2　3　4m

图1-8　二层平面图

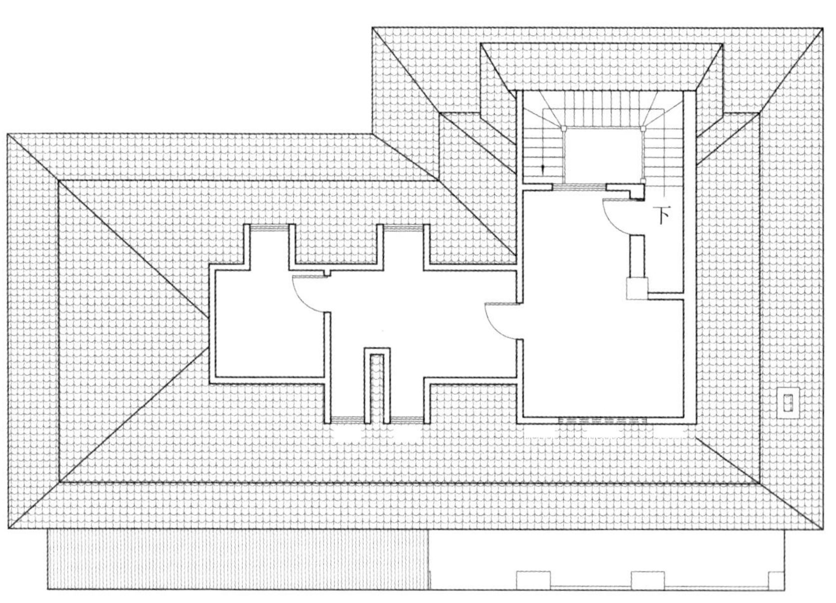


图1-9　三层平面图

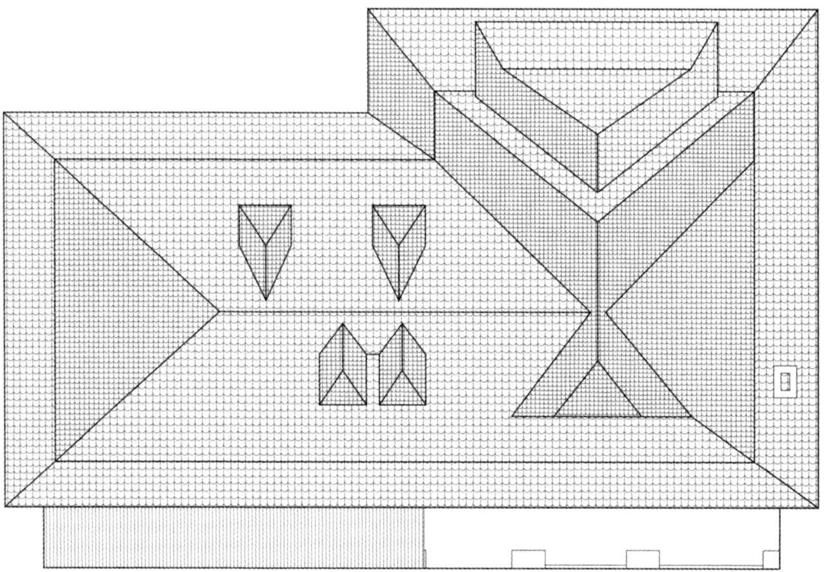


图1-10　屋顶平面图

◆　图1-11：通过公共空间与私密空间的划分进行动静分区，形成空间功能、空间形态的过渡与转化是建筑设计的常用手法。

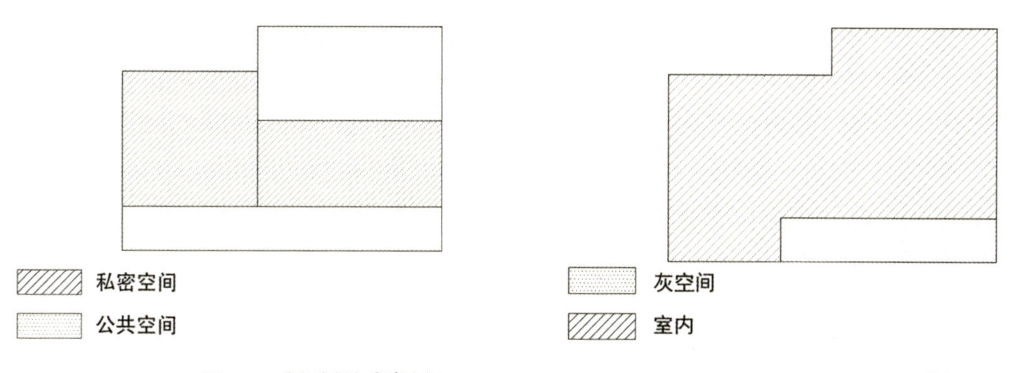


图1-11　公共空间与私密空间

图1-12　平面灰空间

图1-13　正立面图

◆　图1-13：英国领事馆立面为典型的新古典主义风格，整栋建筑造型简洁，却又不失典雅庄重。

图1–14　背立面图

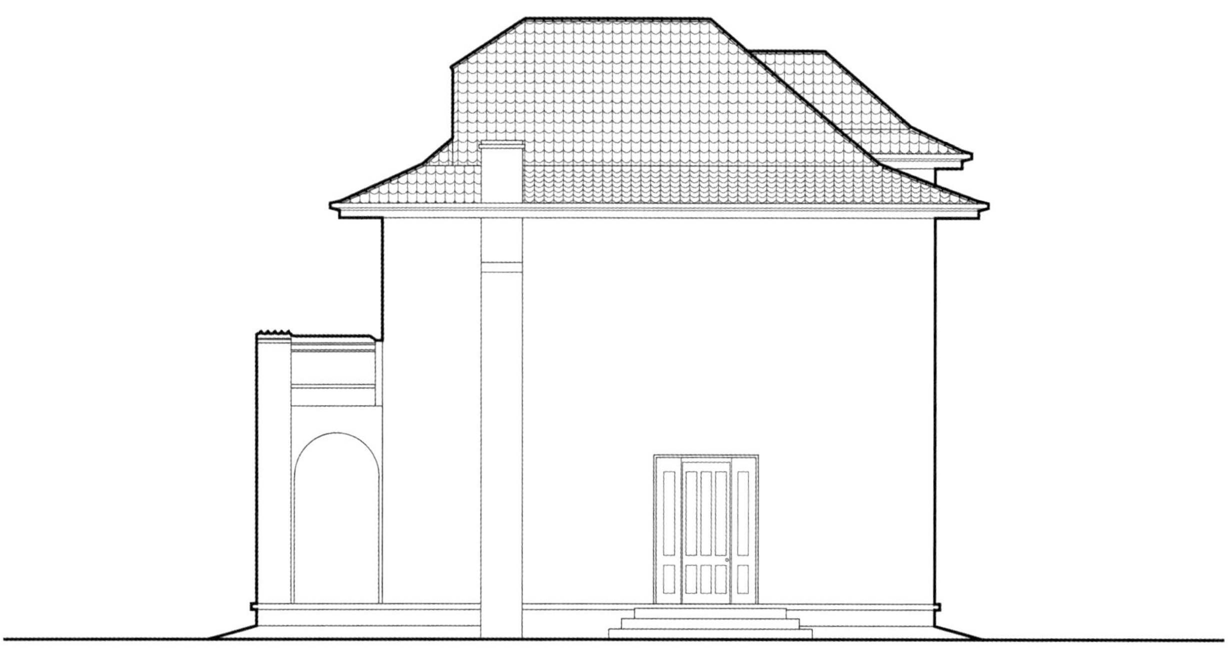

图1–15　侧立面图（1）

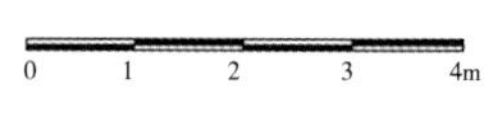


图1-16　侧立面图（2）



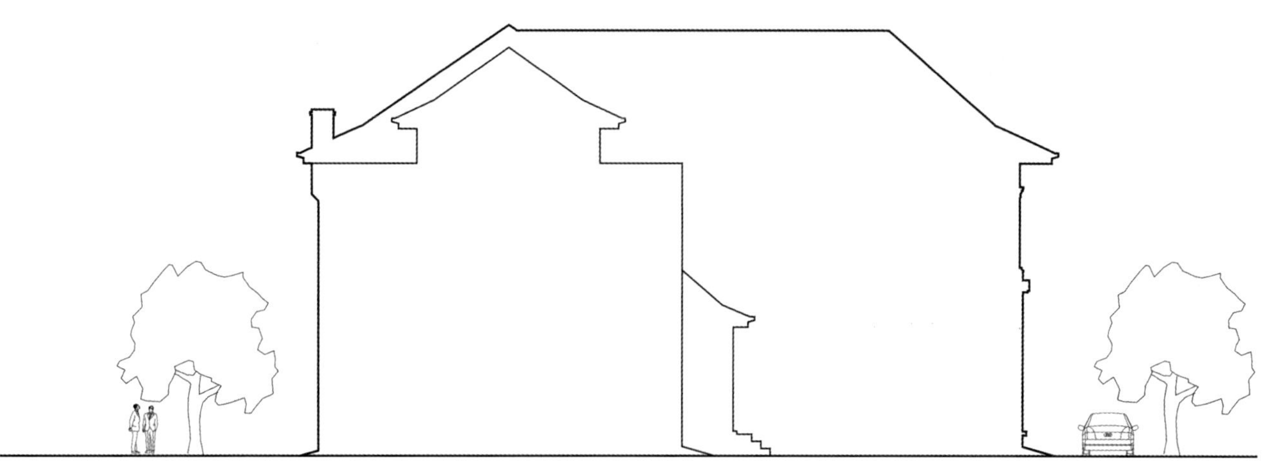

图1-17　体量关系

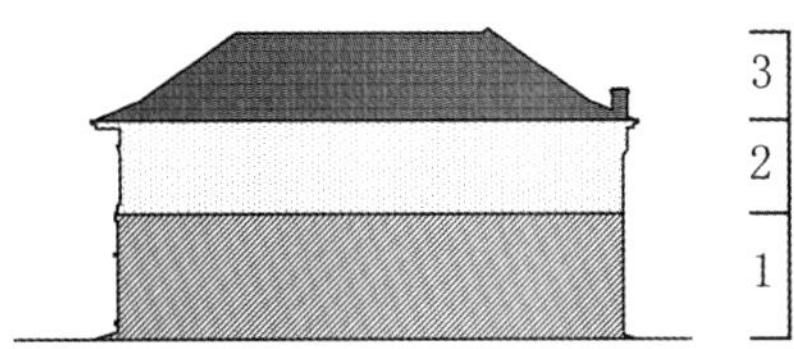


图1-18　纵向三段式构图

图1-19　重复与变化（1）

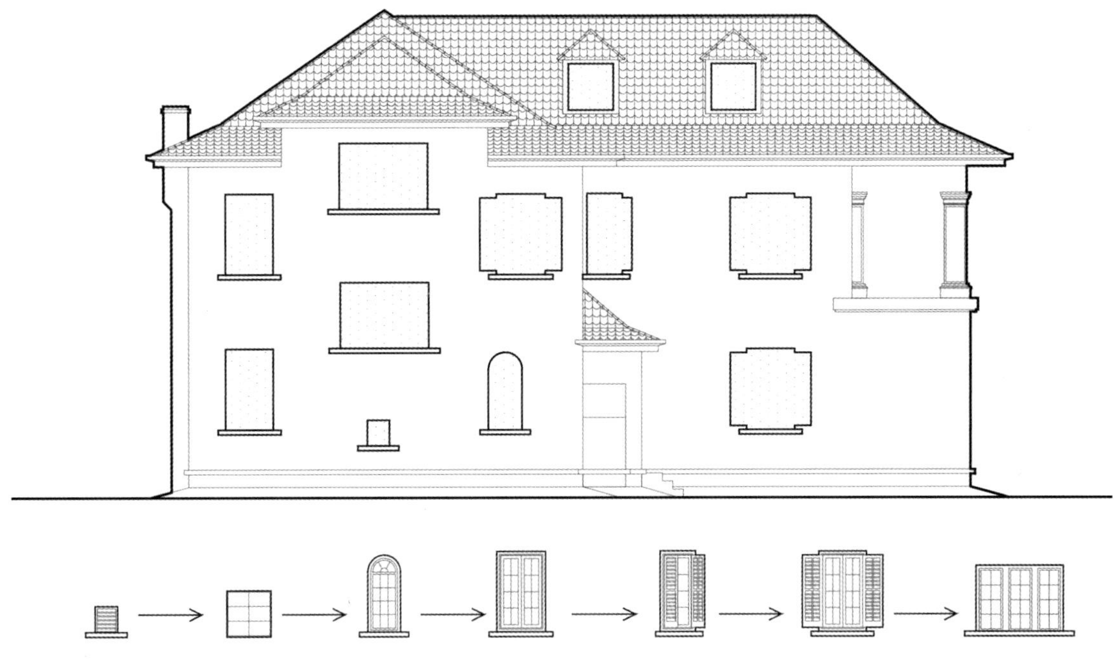

图1-20　重复与变化（2）

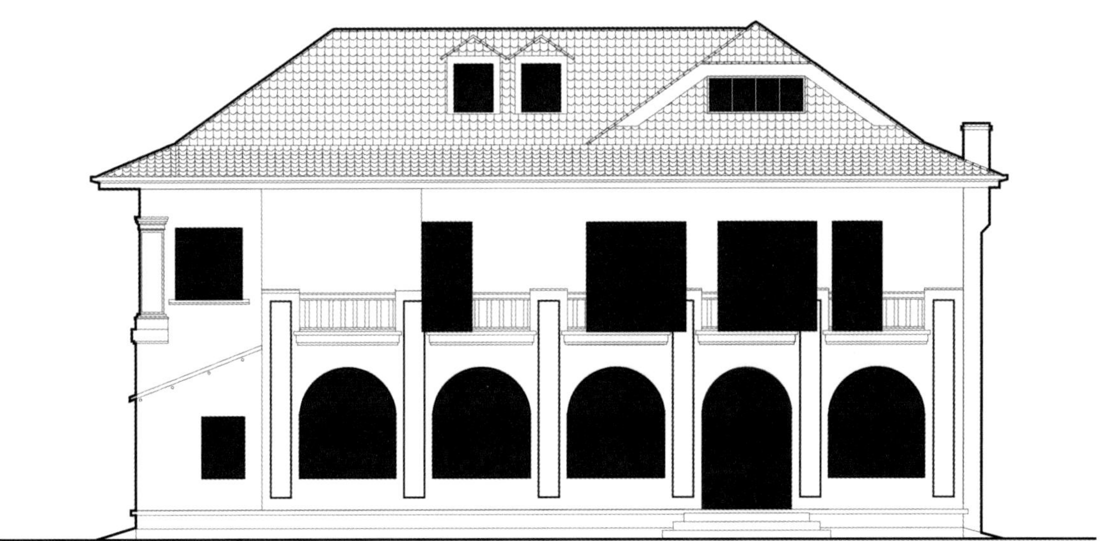

图1-21　立面凹凸（1）

图1-22　立面凹凸（2）

图1-23　1-1剖面图

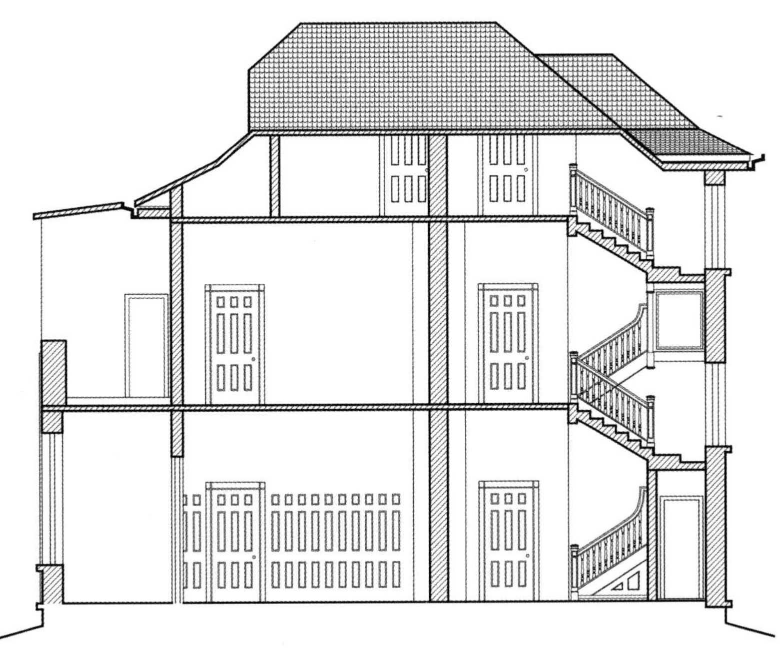

0 1 2 3 4m

图1-24　2-2剖面图

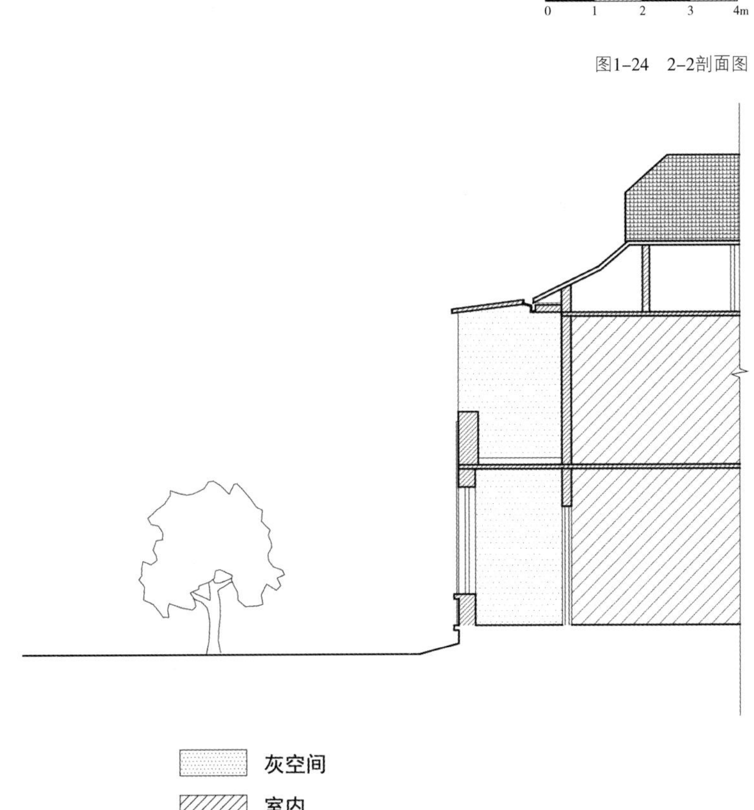


图1-25　灰空间

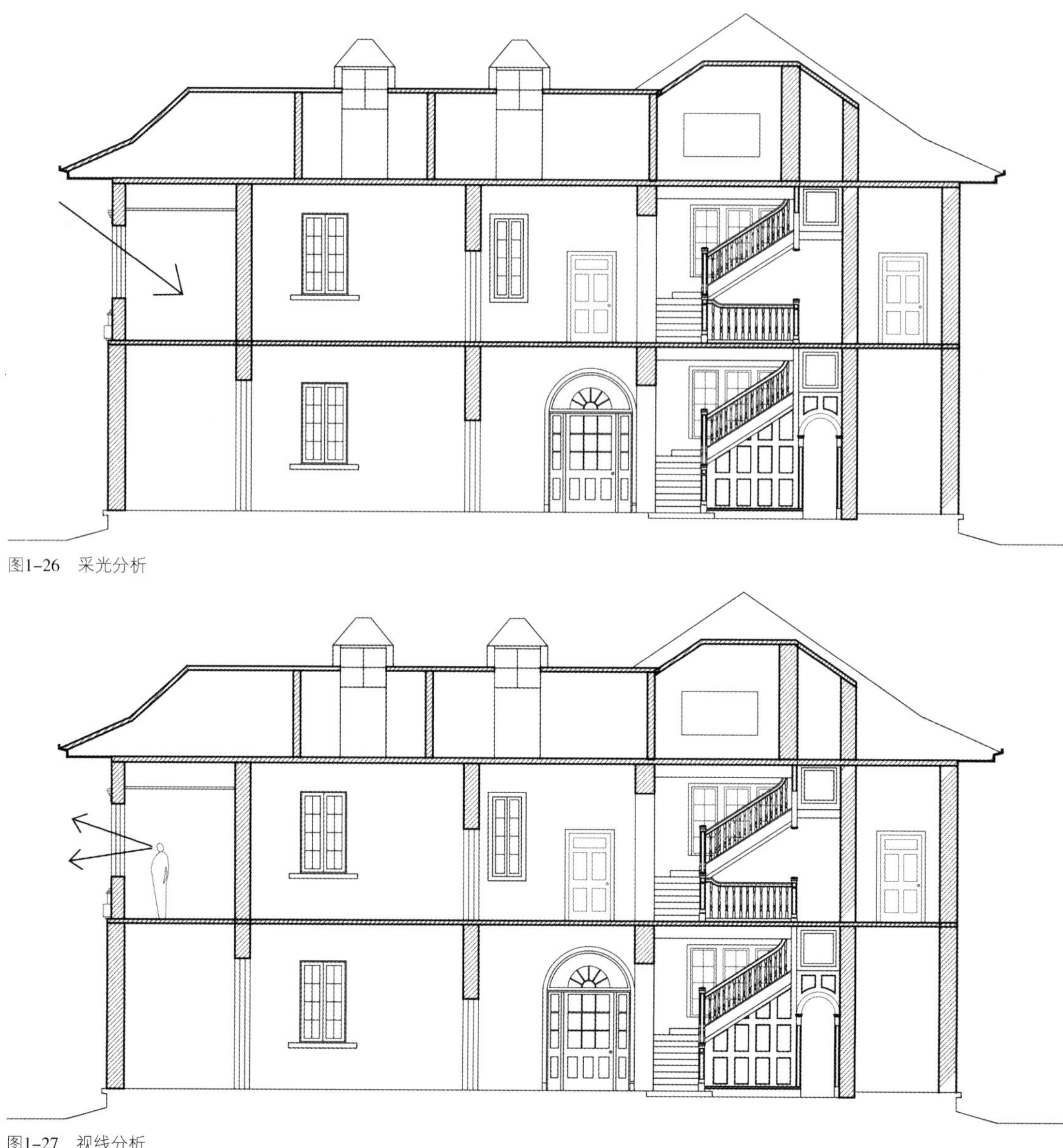

图1-26　采光分析

图1-27　视线分析

图1–28　大样图（1）

图1–29　大样图（2）

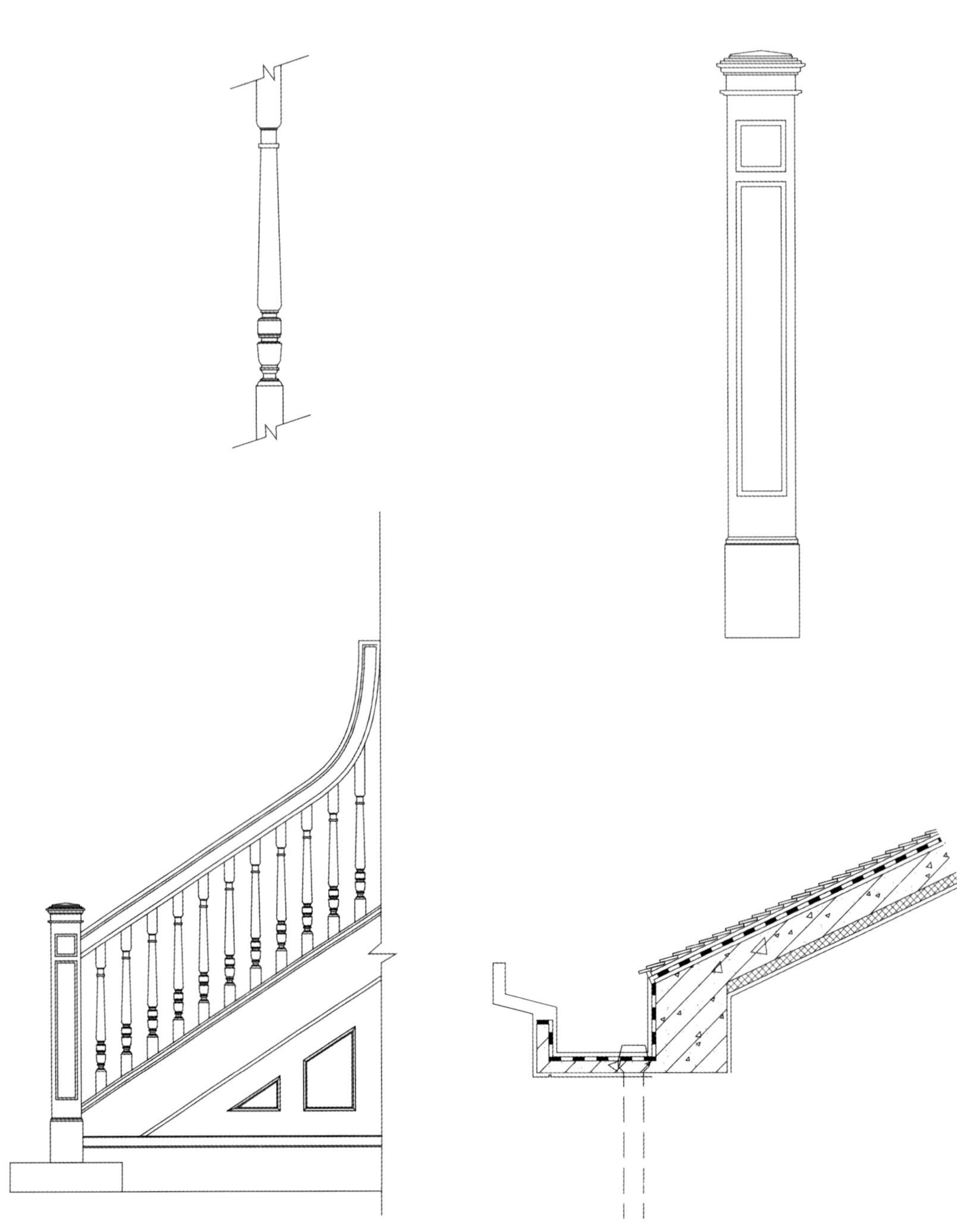

图1-30　大样图（3）

# 02
# 第二章

# 第二章 瑞典领事馆

瑞典领事馆是武昌历史上唯一的一个外国领事馆，坐落于昙华林的瑞典行道会华中总会旧址，附近的居民都习惯称其为瑞典教区。当时瑞典行道会在昙华林出口处得胜桥街建造“真理会”，除此之外还在昙华林建造北欧风格的三层楼房两栋，单层平房三栋，房屋建筑面积总计1746.66m²。该旧址保存至今的建筑主要有夏定川长期居住过的主任牧师楼旧址、瑞典行道会诊所与孤儿院旧址、瑞典驻武汉领事馆、防空洞旧址、瑞典行道会私立真理中学旧址等。整个瑞典教区依山而建，布局灵活多变，空间丰富，环境优美。

## 第一节 历史沿革

瑞典领事馆历史沿革

| 时 间 | 事 件 |
|---|---|
| 1890年 | 基督教瑞典行道会在武昌昙华林的一处山坡上建设北欧风情建筑群，作为其传教基地。 |
| 1906年 | 瑞典领事馆开馆，馆舍设于俄租界内。 |
| 1938年 | 武汉沦陷，瑞典领事馆闭馆。 |
| 1948年 | 瑞典领事馆迁往武昌昙华林瑞典教区内，重新开馆。 |
| 1950年 | 中国宣布入朝参战，瑞典领事馆关闭。 |

## 第二节 建筑概览

瑞典领事馆于1906年开馆，馆舍设于俄租界黎黄陂路。1948年，瑞典传教士夏定川将瑞典驻武汉领事馆从汉口迁到了武昌昙华林的瑞典行道会华中总会大院内。瑞典领事馆由中华基督教瑞典行道会建造，两层砖木结构，均使用上等建材。建筑平面为矩形，入口设在正中，内部为中廊设计，两边为房间，楼梯设在建筑后部，室内全为木地板铺地。立面为三段式构图，比例协调，四面都为券廊，红瓦坡屋顶，外墙采用拉毛处理，为北欧古典建筑风格。

1938年武汉沦陷，瑞典领事馆遂闭馆，1948年重新开馆并将馆址移至武昌。瑞典领事馆在设馆前与设馆后，因其事务清闲，曾先后由德国、俄国、英国、丹麦等国领事馆代理管理各类事务。

图2-1　瑞典领事馆透视实景图

20世纪50年代，由于房屋产权变化，瑞典领事馆之后一直作为居民楼使用。由于住户拥挤，监管不善，房屋损毁严重，早已没有了昔日的辉煌。

瑞典领事馆照片详见图2-1至图2-7所示。

图2-2　瑞典领事馆正立面实景图

图2-3　瑞典领事馆侧立面实景图

图2-4　入口台阶

图2-5　入口门厅

图2-6　建筑细部

图2-7　窗户

# 第三节　技术图则

依据建筑实测图纸，部分辅以三维建模，用技术图则方式解析瑞典领事馆建筑的环境布局、平面布置、功能流线、围护结构、采光及通风等规划建筑诸元素。瑞典领事馆技术图则详见图2-8至图2-26所示。

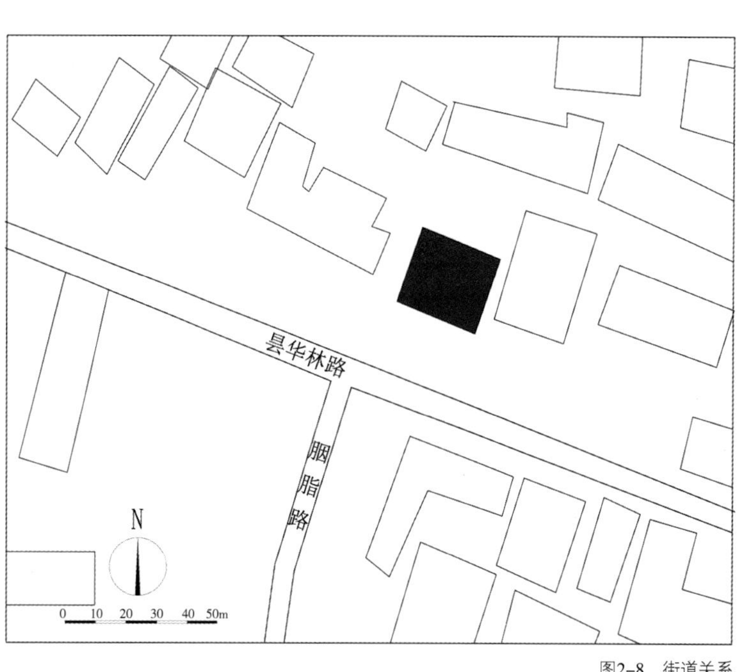


图2-8　街道关系

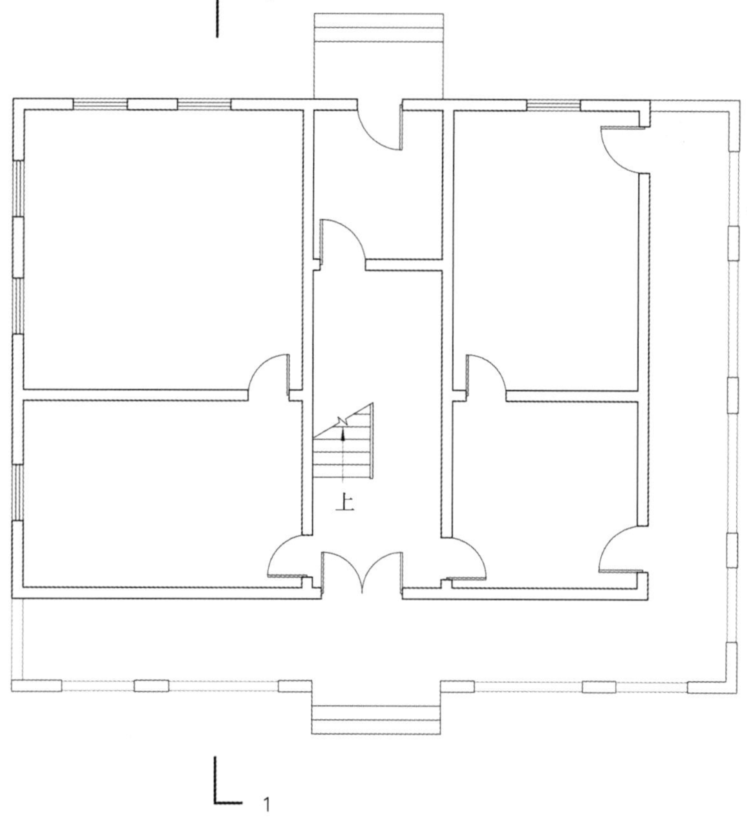


图2-9　一层平面图

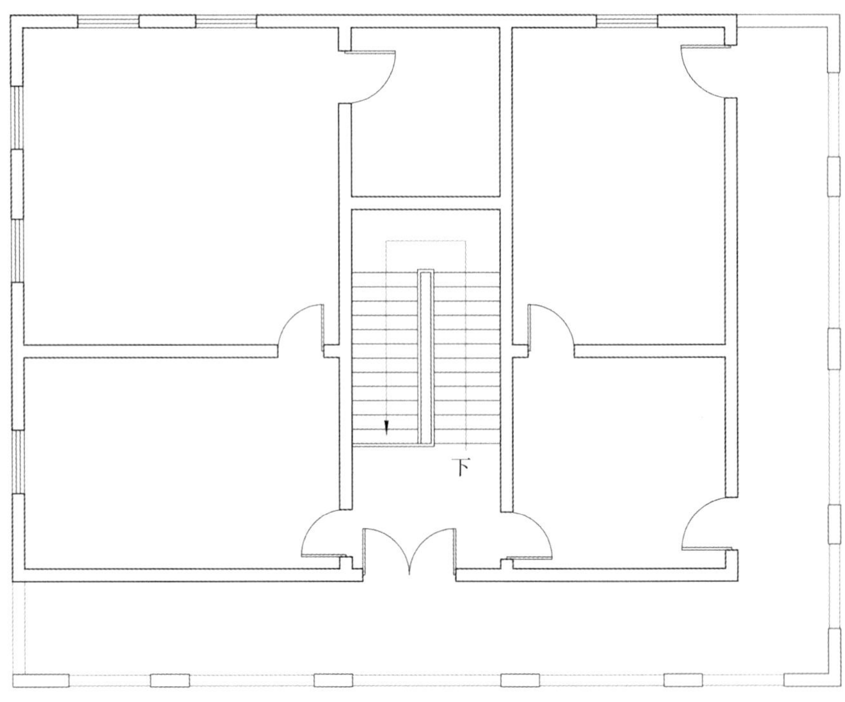


图2-10　二层平面图

图2-11　平面灰空间

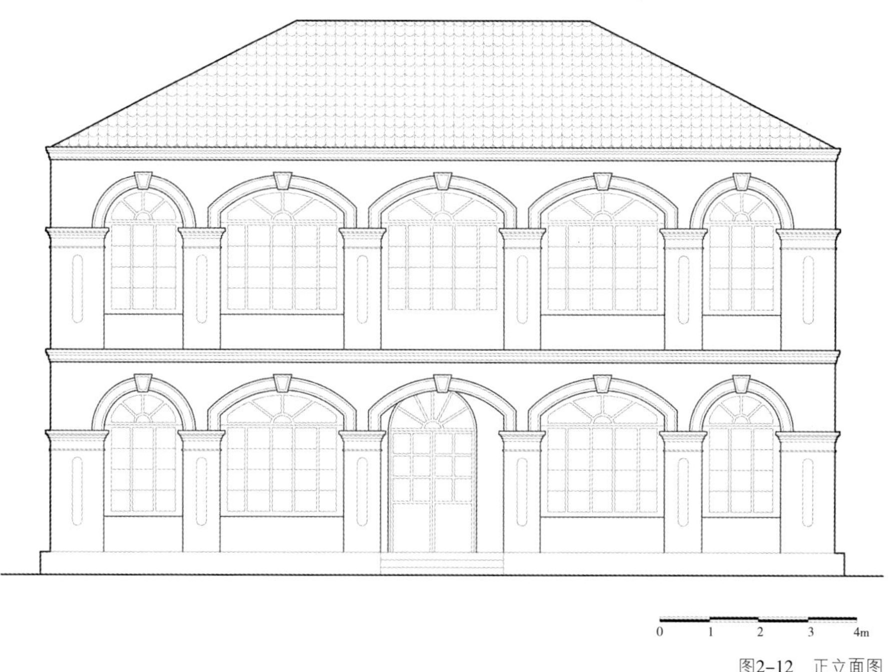


图2-12　正立面图

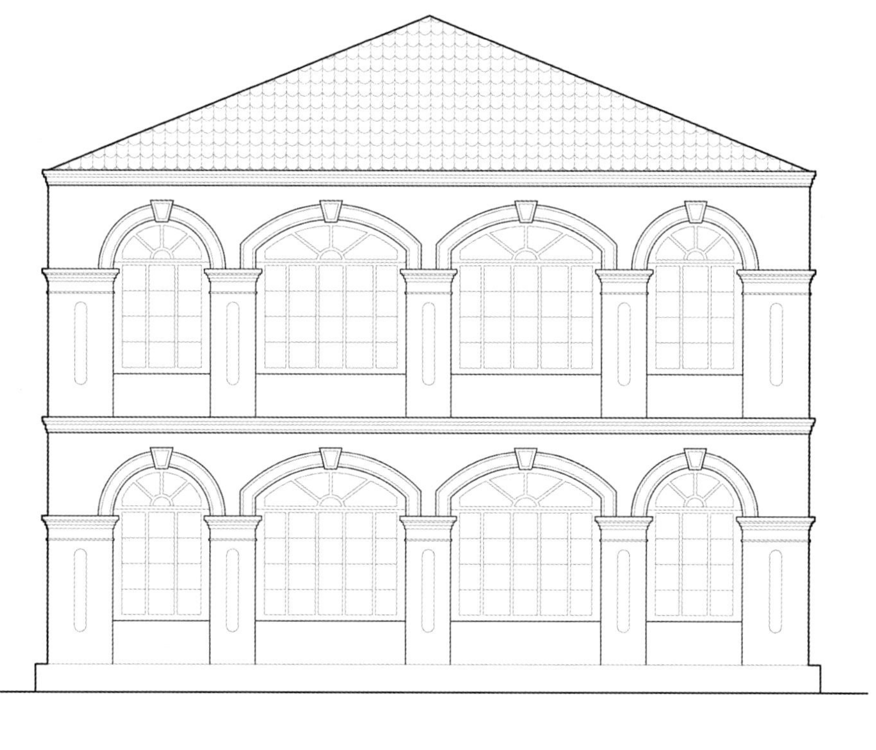


图2-13　侧立面图

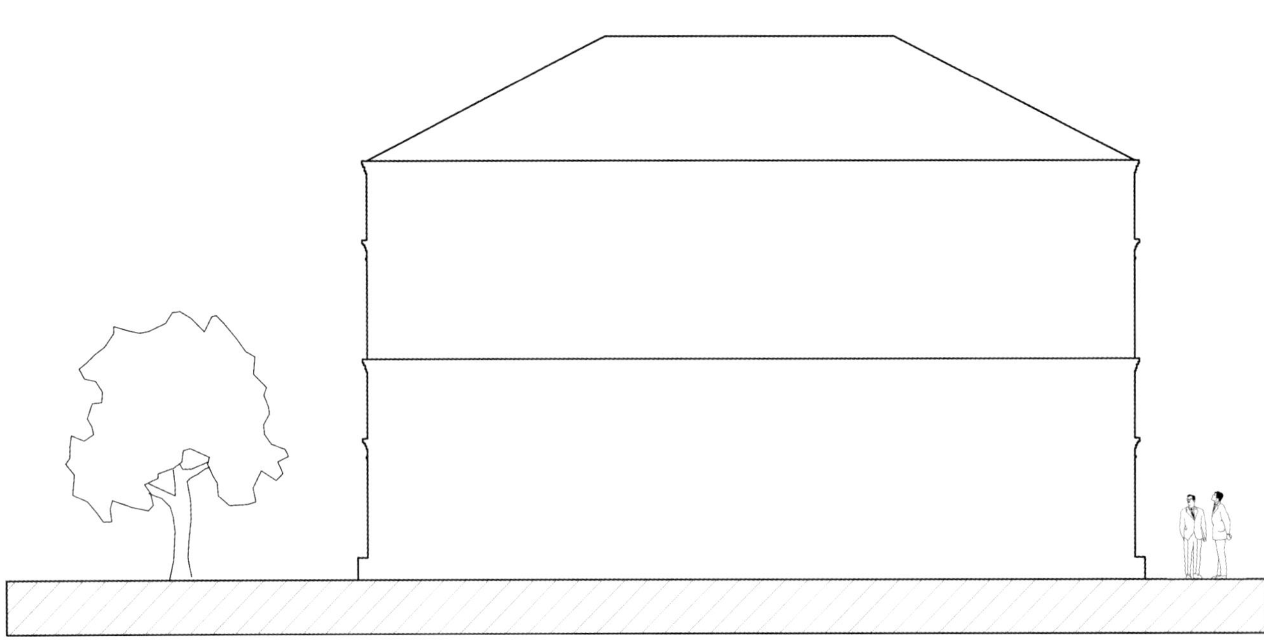

图2-14　体量关系



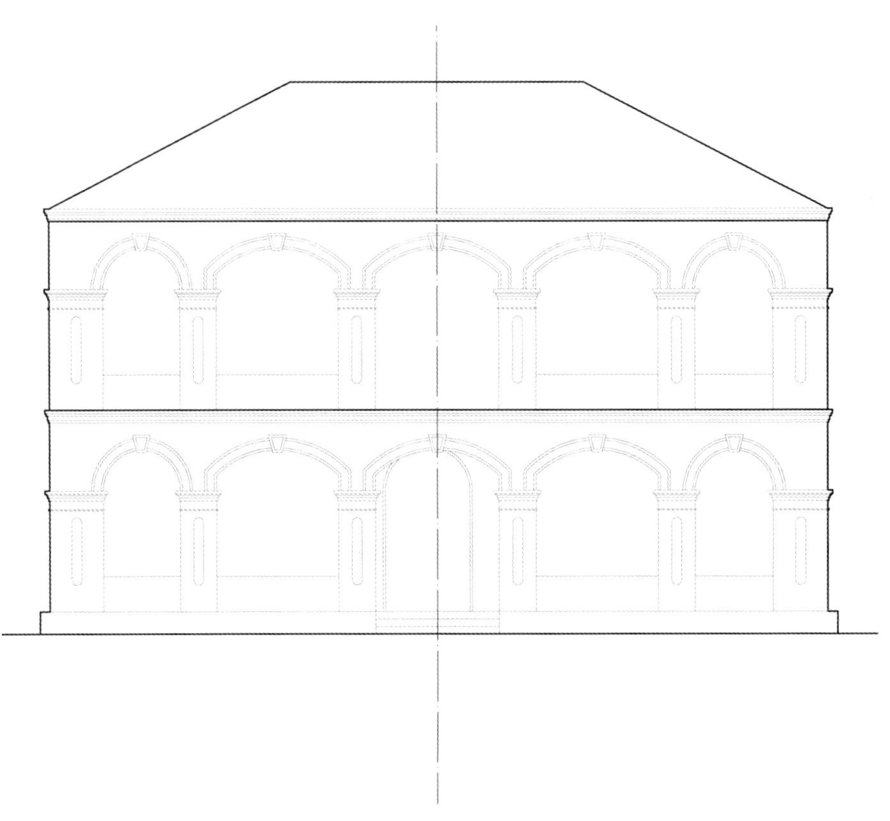

图2-15　对称与均衡

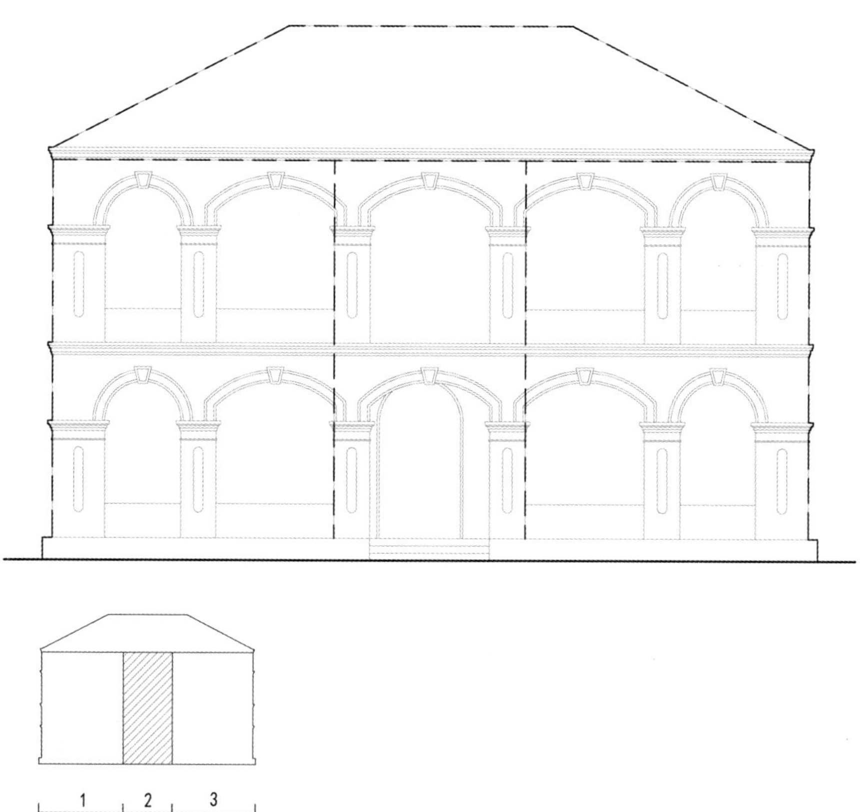


图2-16　横向三段式构图

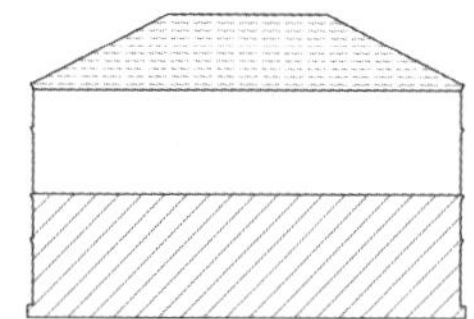

图2-17　纵向三段式构图

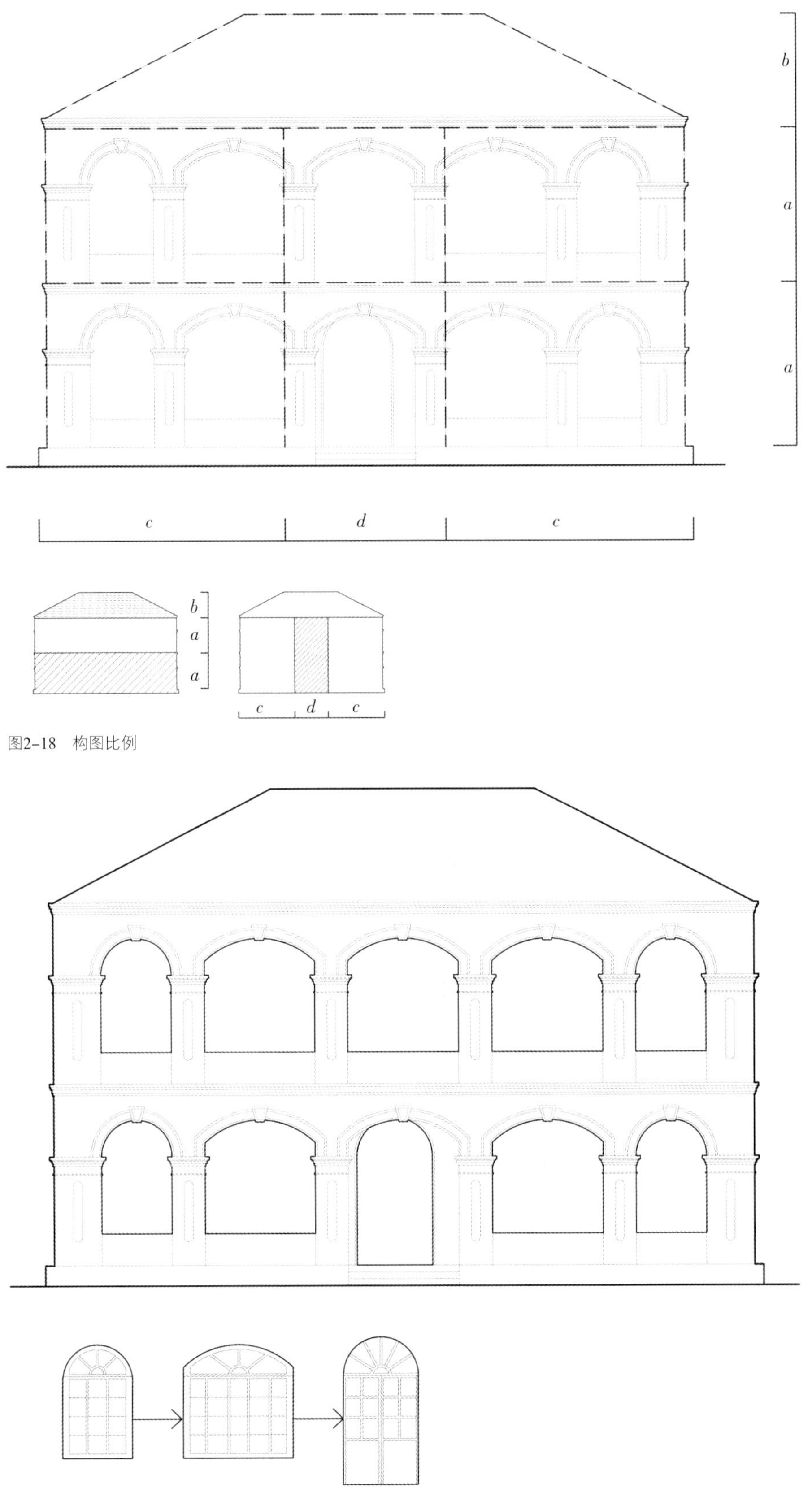


图2-18　构图比例

图2-19　重复与变化

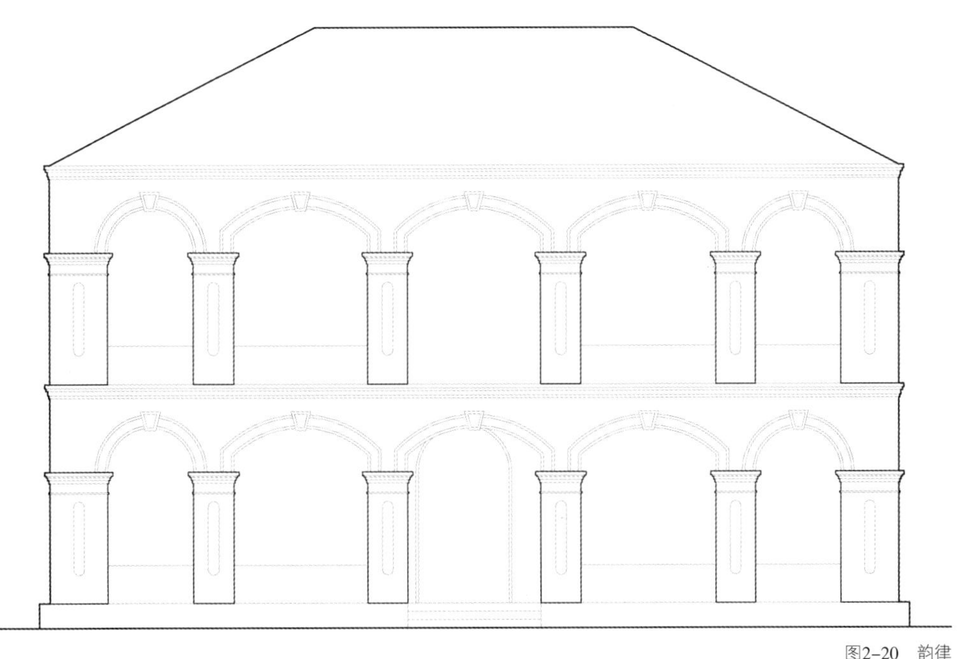

图2-20　韵律

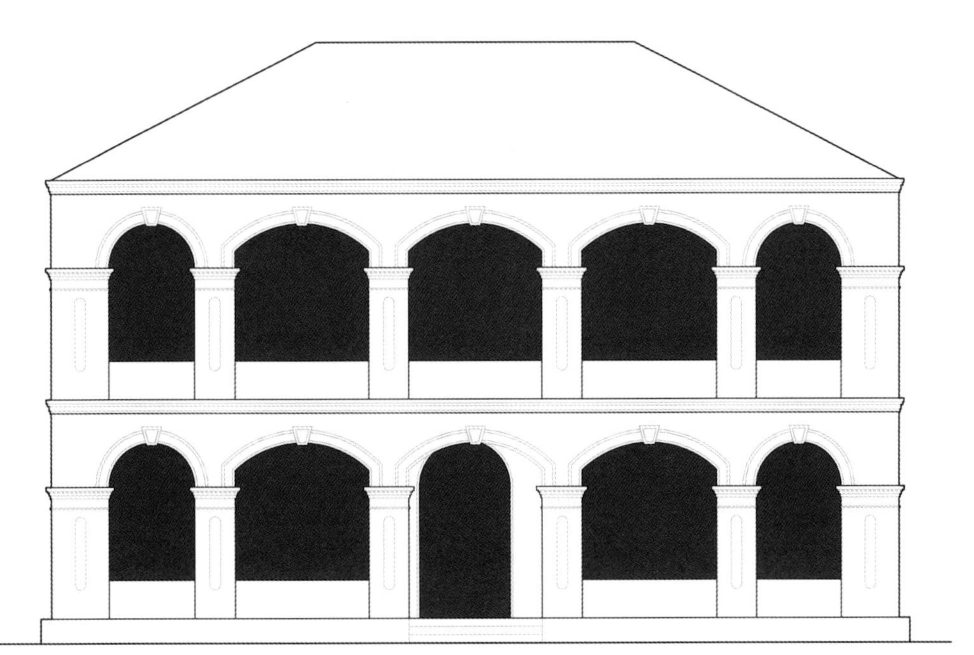

图2-21　立面凹凸

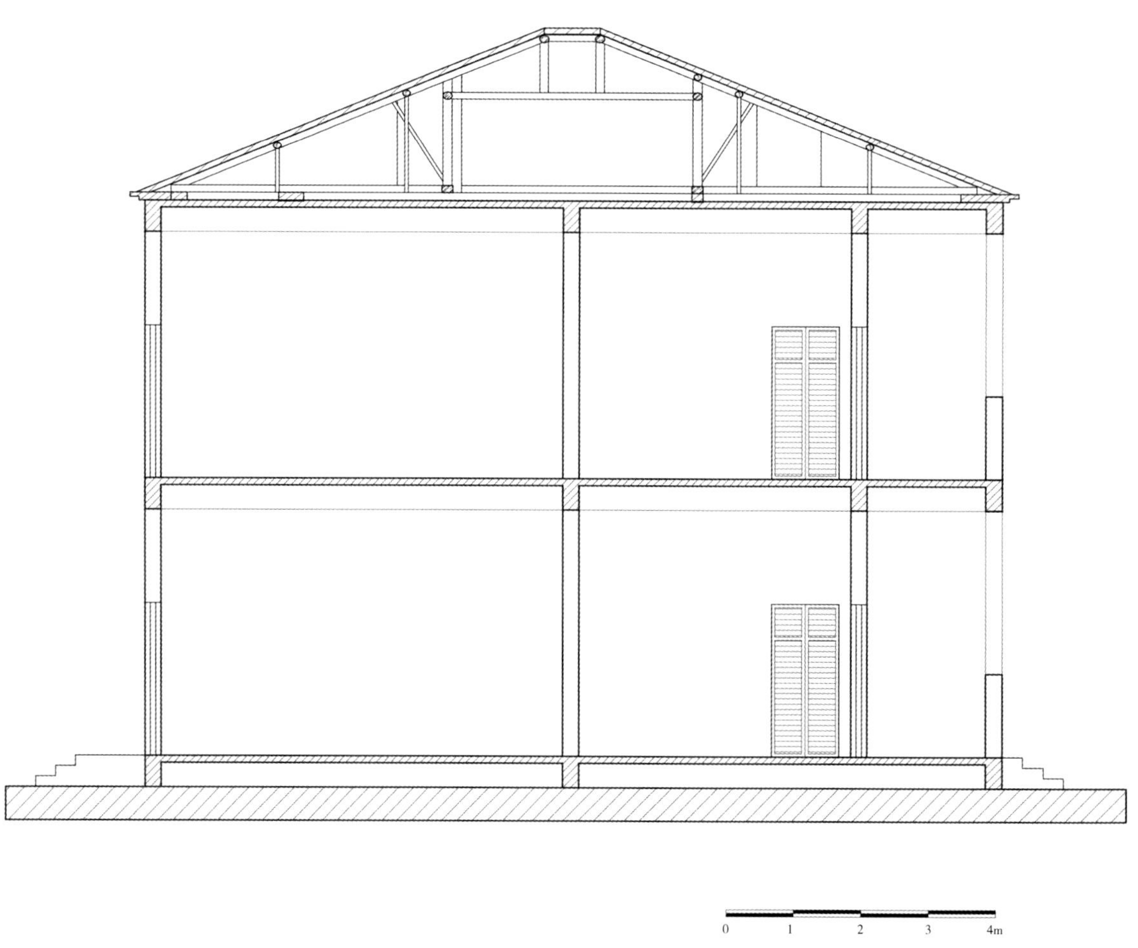


图2-22　1-1剖面图

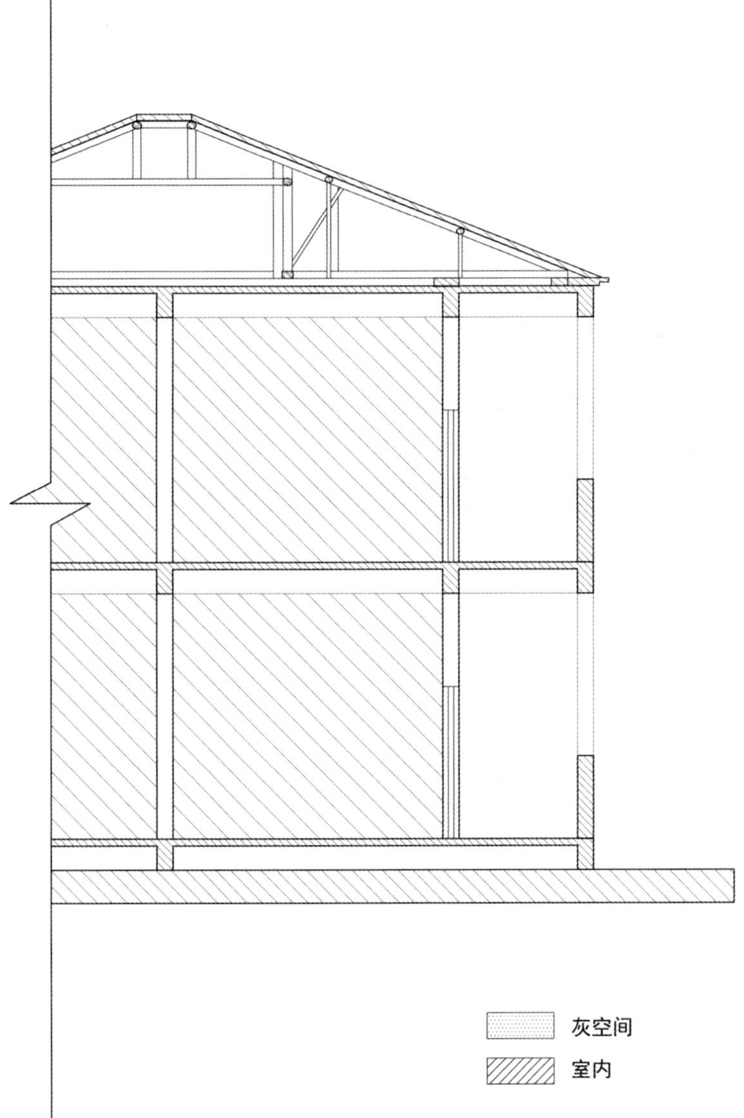


图2-23　灰空间

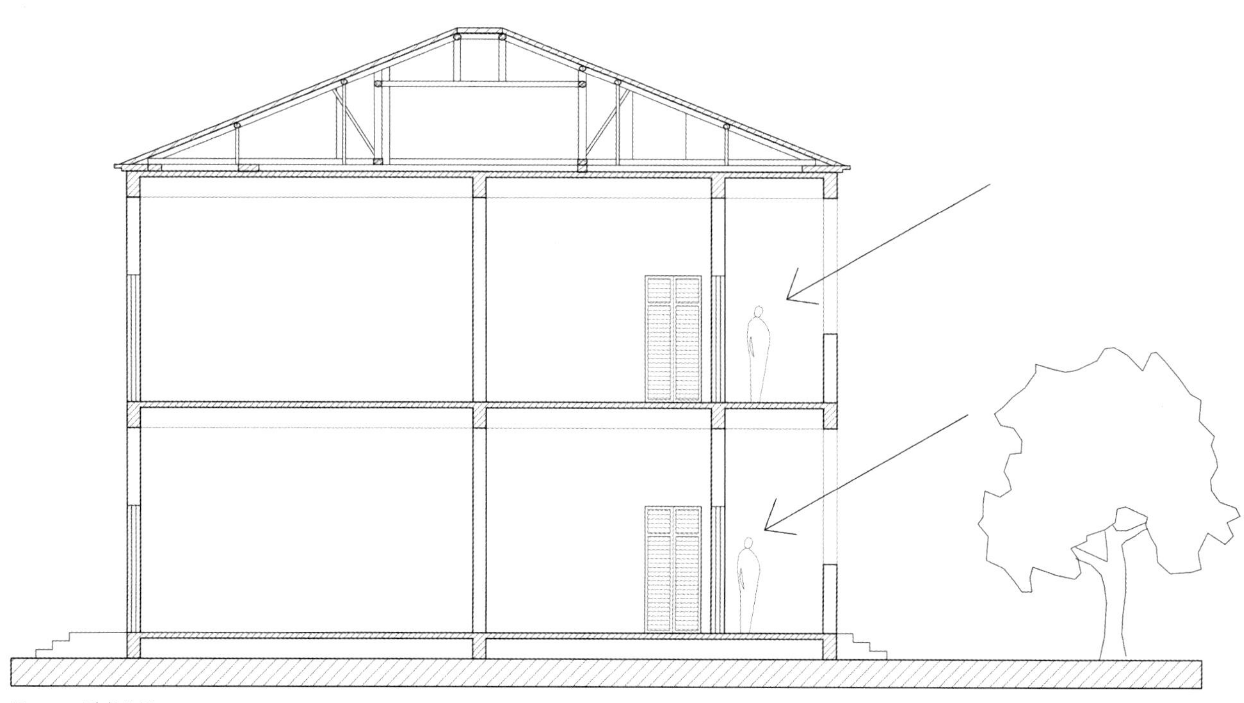

图2-24　采光分析

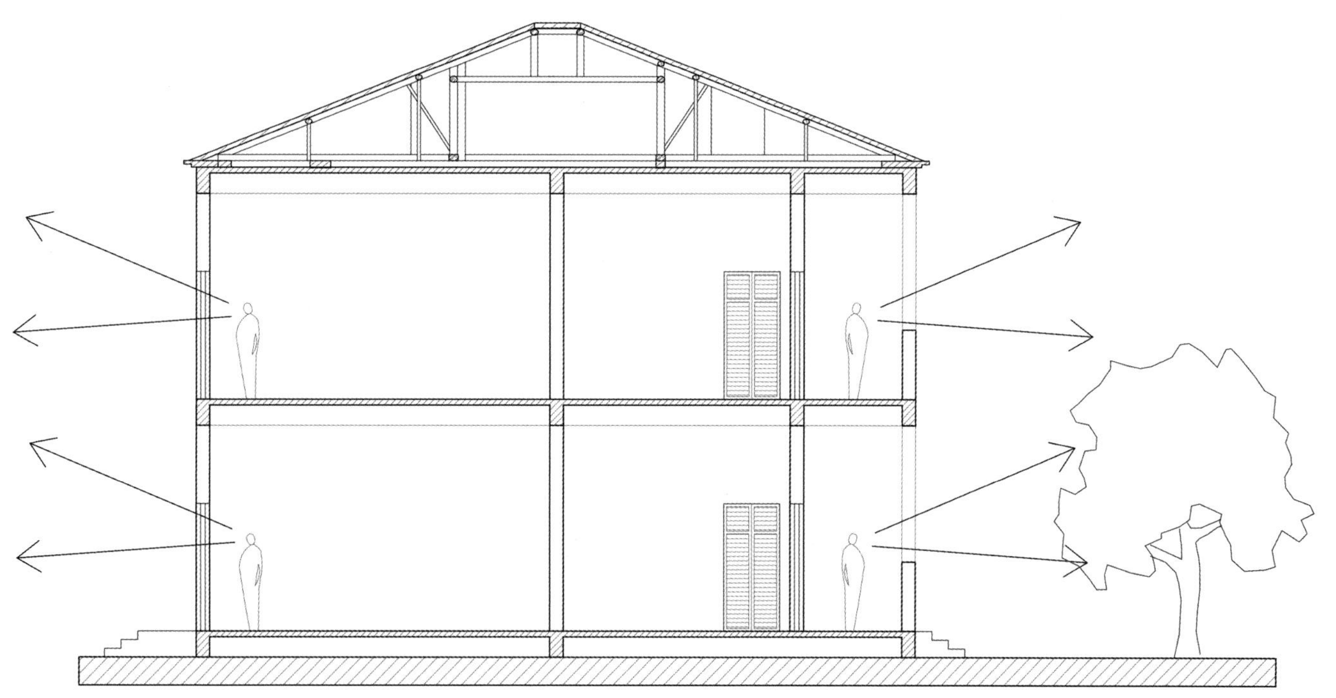

图2-25　视线分析

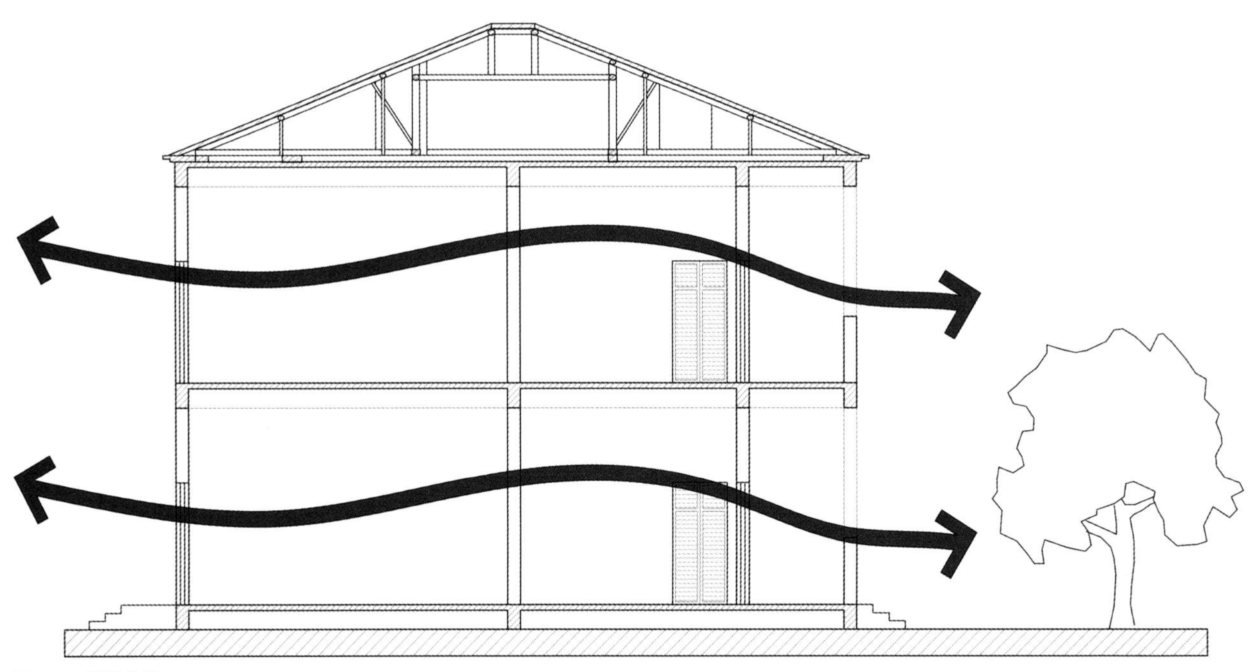

图2-26　通风分析

# 03
# 第三章

# 第三章 法国领事馆

法国领事馆旧址现位于江岸区洞庭街87号，1865年建成，系南亚殖民风格庭院建筑，院内有门房、车库。领事馆四周建有花园，院内建有车库，花园里有各类植被，树木茂盛，与外界有围墙相隔。在领事馆旁边约100m处建有领事馆官邸，是总领事和家人的居室。1891年领事馆因洪水侵袭而遭到损毁，之后修复。



## 第一节 历史沿革

法国领事馆历史沿革

| 时 间 | 事 件 |
|---|---|
| 1865年 | 法国领事馆建成。 |
| 1891年 | 领事馆被洪水冲毁。 |
| 1892年 | 法国领事馆重建。 |
| 1896年6月 | 法国在汉口签订《汉口法租界租约》，划江边至火车站地带为法租界。 |
| 1902年 | 法租界继续扩展，面积达到32.8hm$^2$。 |
| 1941年 | 太平洋战争爆发后，租界由日本人接管。 |
| 1945年 | 抗日战争胜利，法国戴高乐政府委派总领事葛礼邦接手法国驻汉口总领事馆的一切事务。 |
| 1950年 | 汉口法国总领事馆关闭，所有法籍职员离开汉口回国。 |
| 1993年7月28日 | 法国领事馆被公布为武汉市优秀历史建筑。 |

## 第二节 建筑概览

1858年，汉口的门户因天津条约的签订而打开。1896年6月，法国在汉口签订《汉口法租界租约》，划江边至火车站地带为法租界，占地12.5hm$^2$。1902年签订《汉口法国租界拓新界条款》，租界扩展为32.8hm$^2$。法国领事馆位于法租界内，代理法国事务。

法国领事馆平面采用内外走廊组合不对称布局，主入口向北，辅助入口在西侧，各个房间大小适宜，依靠“L”形内廊连接。水泥拉毛外墙面，花岗石勒脚，砖砌柱，面层刷水泥，东南北三面为等距排列的古典柱式，西面则选用轻巧的木柱。建筑立面为两层砖木结构，建筑底层为办公用房，二层为住宅，两层均为外廊。一层拱券门，二层拱券窗，风格独特，栏杆为石质，麻石墙面。主入口为方柱门楼，强调主入口空间。门斗上层为阳台，建筑基座及屋檐线处理简洁，四坡屋顶上覆机制红平瓦。室内装修采用深褐色为主色调，显得凉爽而温润，其中设置烟囱和壁炉。居室均为木地板，中央“L”形走廊为水泥地板。

法国领事馆照片详见图3-1和图3-2所示。

图3-1　法国领事馆透视图

图3-2　入口大门实景图

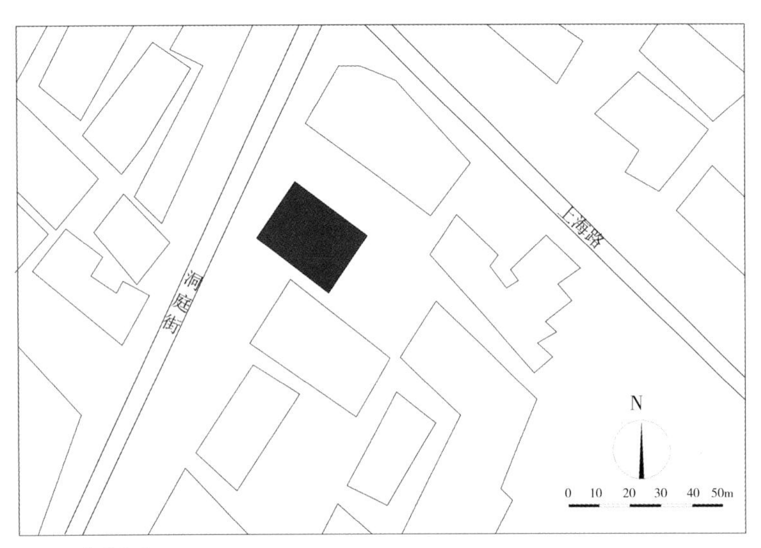


图3-3 街道关系

## 第三节 技术图则

依据建筑实测图纸，部分辅以三维建模，用技术图则方式解析法国领事馆建筑的环境布局、平面布置、功能流线、围护结构、采光及通风等规划建筑诸元素。法国领事馆技术图则详见图3-3至图3-21所示。

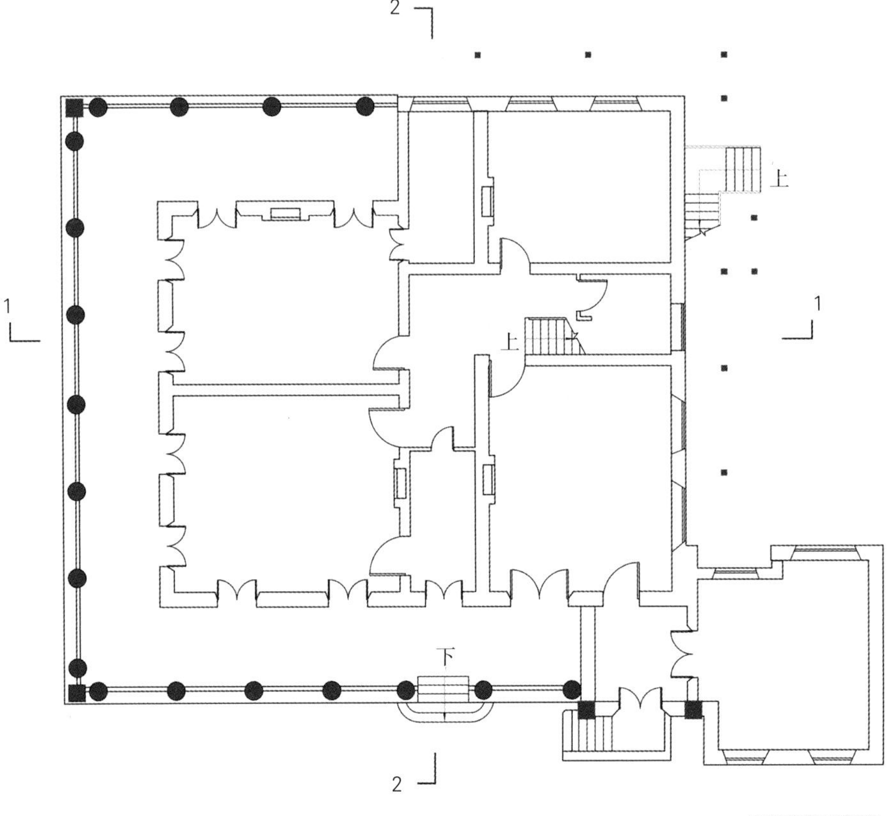


图3-4 一层平面图

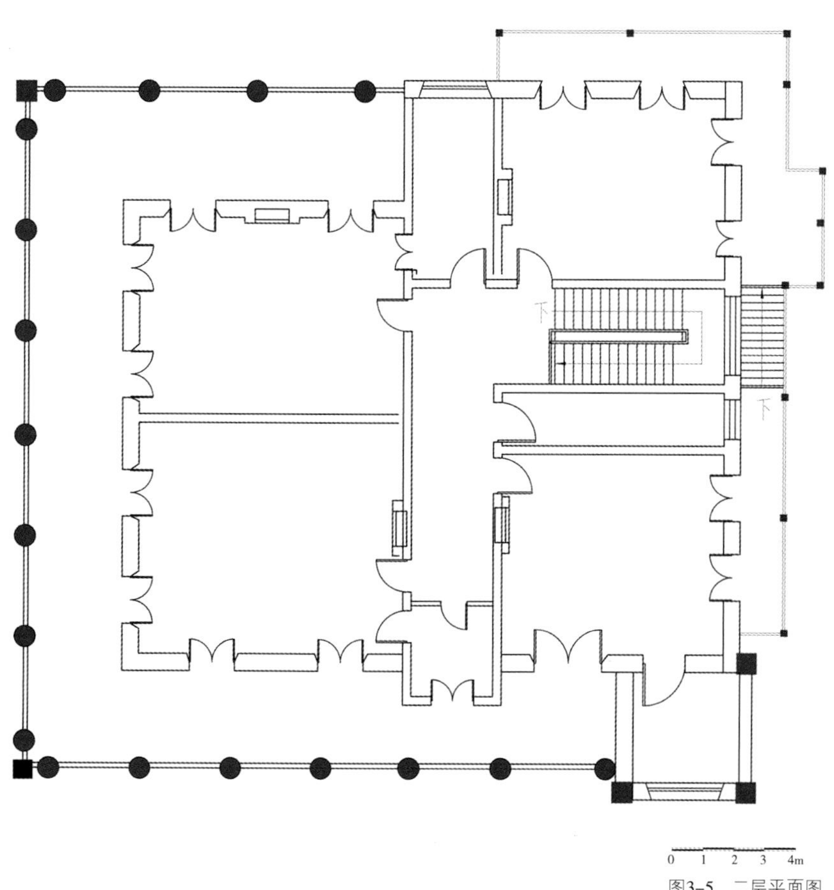


图3-5　二层平面图

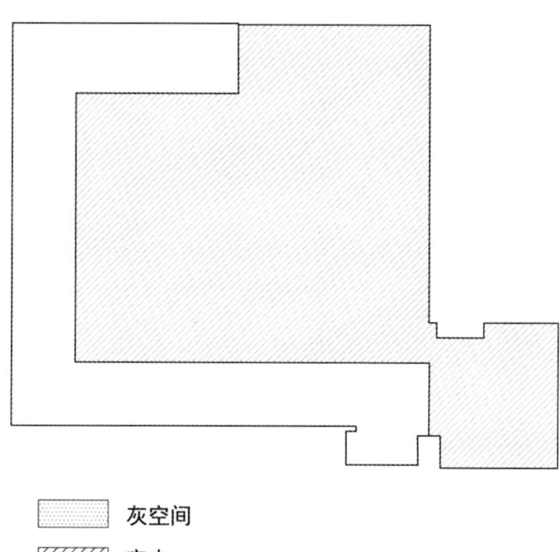


图3-6　平面灰空间

图3-7 正立面图

图3-8 背立面图

图3-9　侧立面图（1）

图3-10　侧立面图（2）

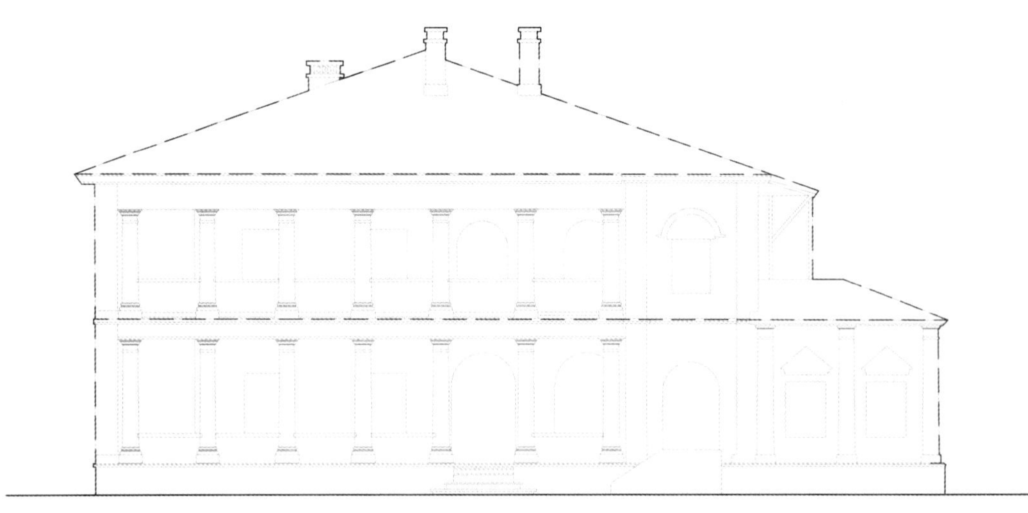

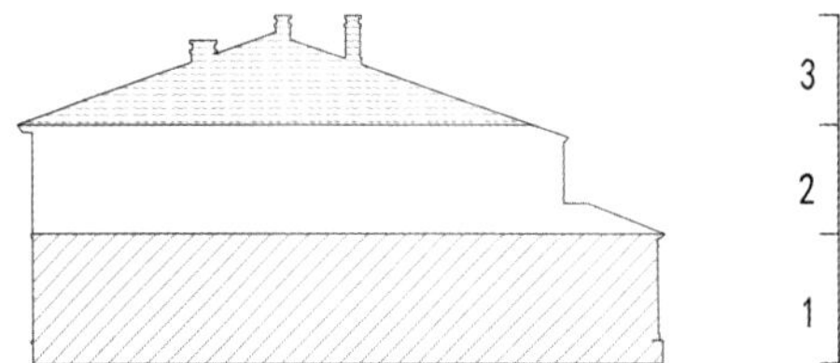


图3-11　纵向三段式构图

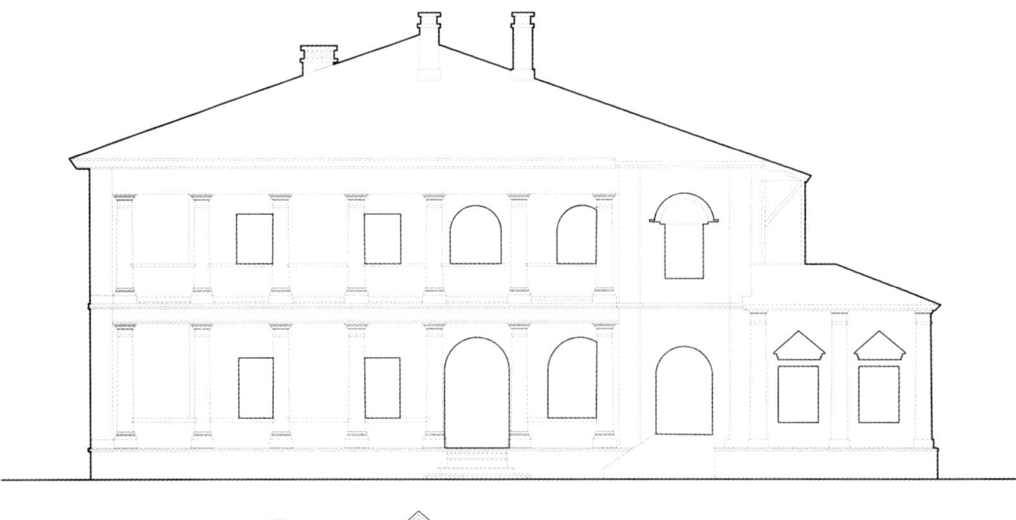

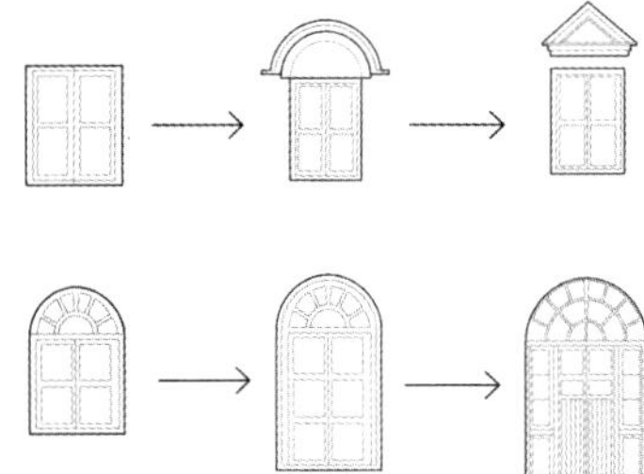

图3-12　重复与变化

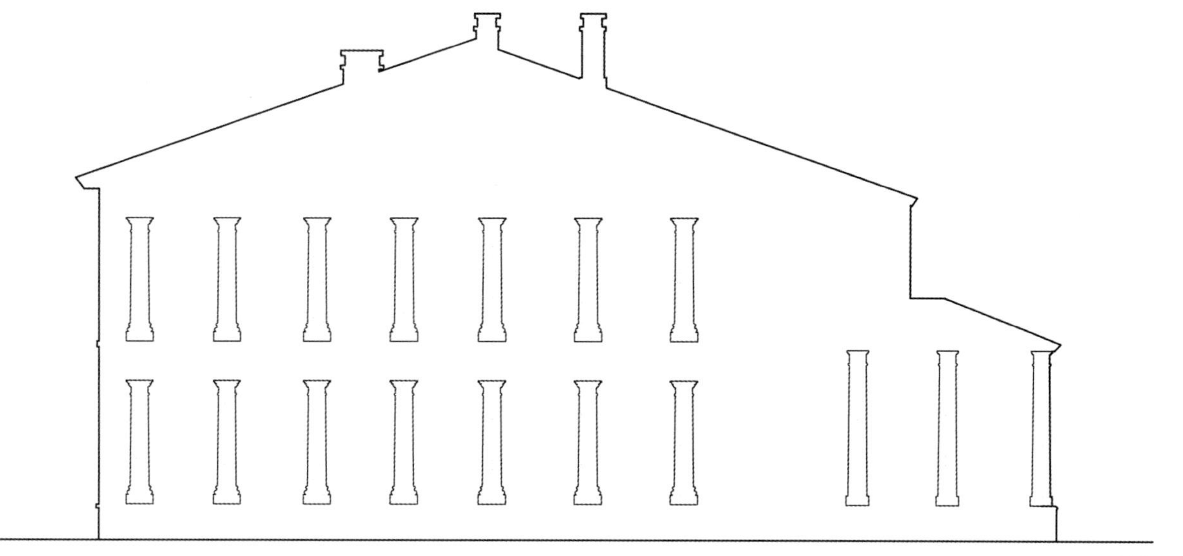

图3-13　韵律

图3-14　立面凹凸

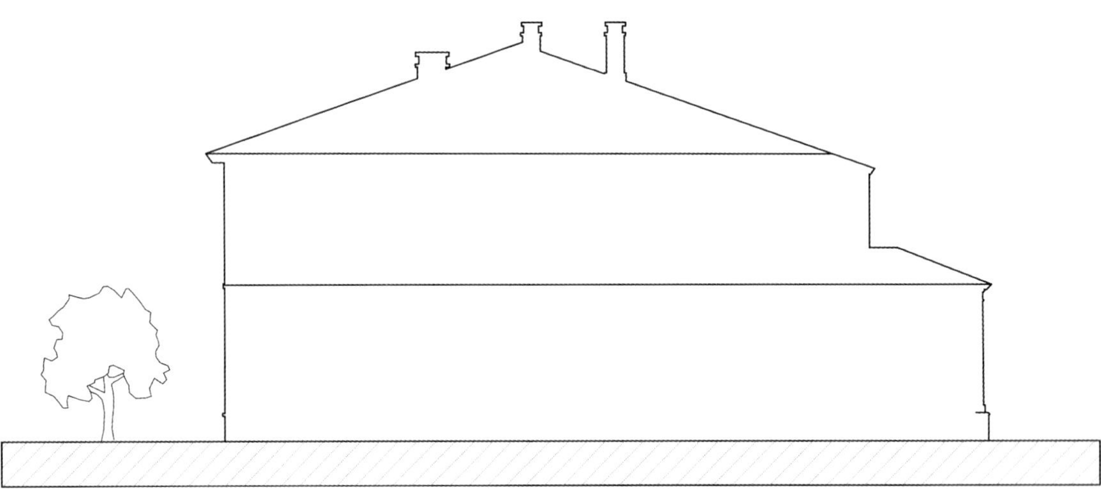

图3-15 体量关系

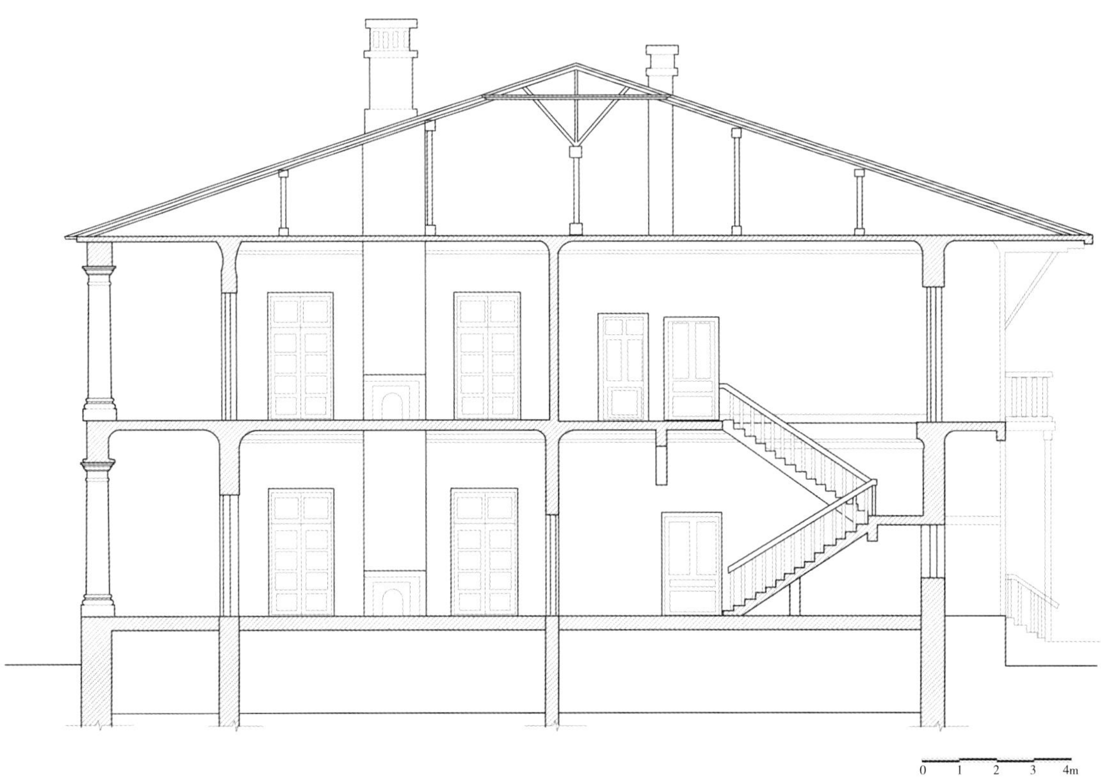


图3-16 1-1剖面图

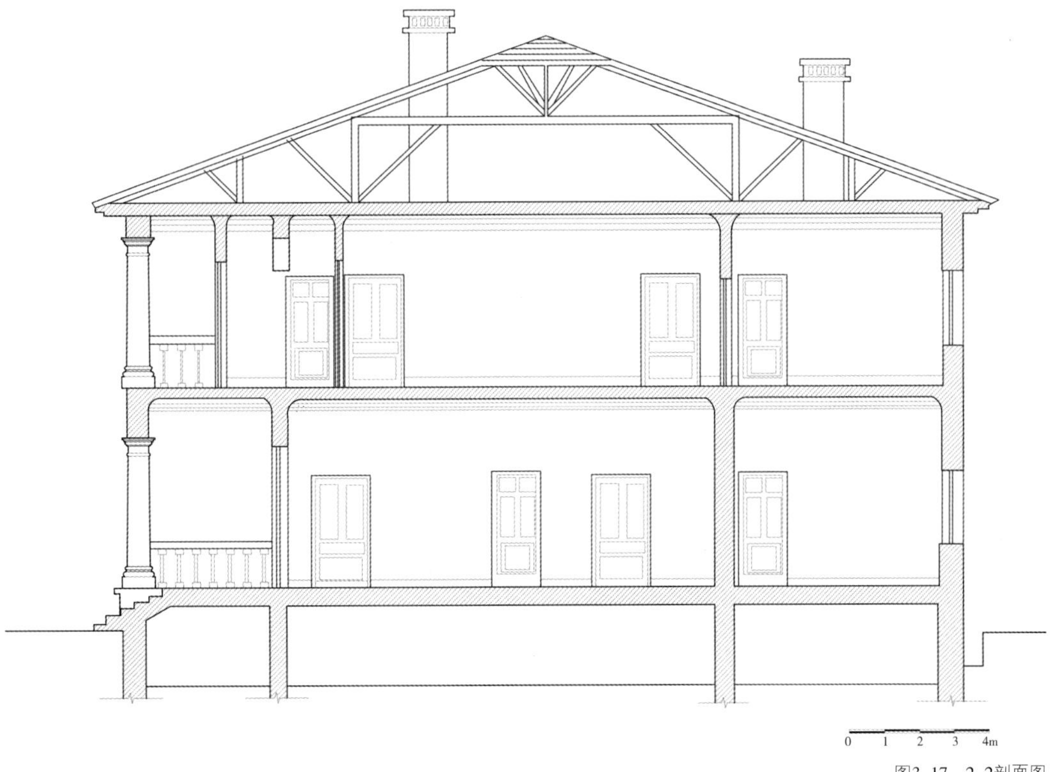


图3-17　2-2剖面图

图3-18 灰空间

图3-19　视线分析

图3-20　采光分析

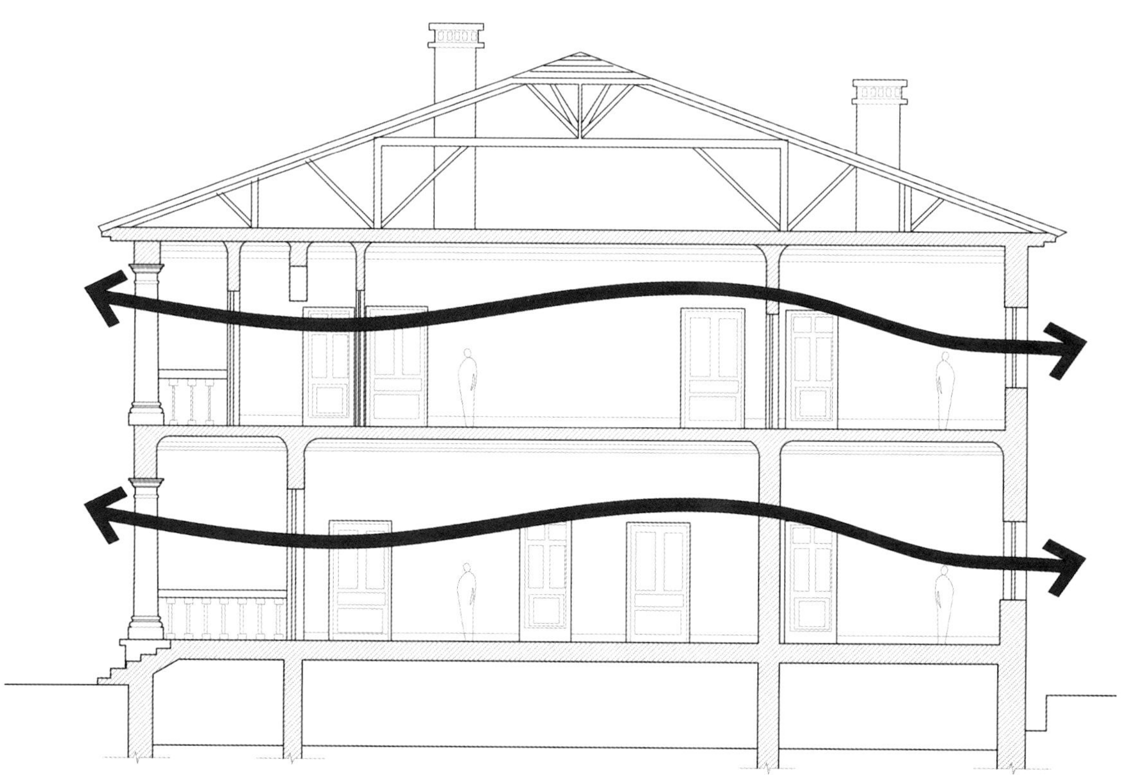

图3-21 通风分析

# 04 第四章

# 第四章 德国领事馆

德国驻汉口领事馆旧址位于一元路2号，临沿江大道而建，面江朝东，位置显要，是德国曾派驻武汉的领事级别外交代表机构。德国驻汉口领事馆由韩贝（德）设计，1895年建成，地上两层，地下半层，砖木结构。德国领事馆现为武汉市人民政府办公楼。该建筑坐西朝东，属殖民地式风格，建筑面积3202m$^2$。在正楼的斜对面，为一栋两层砖木结构的附楼，是工作人员办公用房，造型与正楼相似，但装饰朴素，平淡无华。两栋建筑前均种有植被，绿化面积较大，四周砌筑有围墙，颇有德国田园风光。



## 第一节 历史沿革

德国领事馆历史沿革

| 时 间 | 事 件 |
|---|---|
| 1858年 | 天津条约签订。 |
| 1895年10月 | 德国以迫使日本归还辽东半岛有功为借口，逼迫清政府允许其在汉口设立租界，德租界遂建立，总面积40hm$^2$。同年建成德国领事馆。 <br>图4-1 德国领事馆老照片（图片来源于网络） |
| 1916年 | 因居住在汉口的英、法两国侨民痛恨，而将德国国徽拆掉。当时中国的北京政府因对德宣战而将汉口德国租界收回，改建为汉口第一特别区。 |
| 1917年 | 中国和德国断交后，德国领事馆关闭。 |
| 1925年 | 德国领事馆重新开馆。 |
| 1944年 | 美国轰炸武汉，日租界几乎被损毁殆尽，与其相邻的德租界也大半被毁。 |
| 1945年 | 抗日战争胜利，德国领事馆再次关闭。 |
| 1998年5月27日 | 德国领事馆被公布为武汉市文物保护单位。 |

## 第二节　建筑概览

1858年清政府签订了天津条约，汉口的门户因此被打开，武汉开始成为西方倾销产品的场所。1895—1898年间，俄、法、德、日相继在汉口设租界。1895年10月，德国以迫使日本归还辽东半岛有功为借口，逼迫清政府允许其在汉口设立租界，清政府遂与德国签订《德国汉口租地条款》，划通济门外沿江官地至李家墩地带为德租界，总面积40hm$^2$。1898年又将通济门外留出的空地让与德国。德国租界地址在英租界以北，但未与英租界相邻。德国领事馆就是在这个时期建造的。

图4-2　德国领事馆透视图

建筑主入口设在正中，有门斗凸出，两边坡道可直接驶进汽车。建筑周边采用外券廊，外廊柱式为多立克式，外墙采用黄色水泥拉毛，台阶由条石砌筑，红色小平瓦坡屋顶。屋顶中设有阁楼，阁楼四面开半圆形采光窗，既满足了室内采光要求，又丰富了建筑立面。屋顶四角各建有一个圆形穹顶角塔。建筑内部最有特色的是在二层楼面与阁楼层之间设有一玻璃采光顶棚，使得室内空间有轻盈通透感。天花采用石雕花饰，楼梯位于采光顶棚之下，木雕精美。整个建筑具有典型的德式建筑风格。

图4-3　角塔实景图

新中国成立后，武汉市政府全面接管汉口租界，各国领事馆逐渐退出汉口。这些得以保存下来的领事馆建筑成为了东西方文化碰撞和交融的重要见证，成为武汉近代历史研究的重要材料。

德国领事馆照片详见图4-2和图4-3所示。

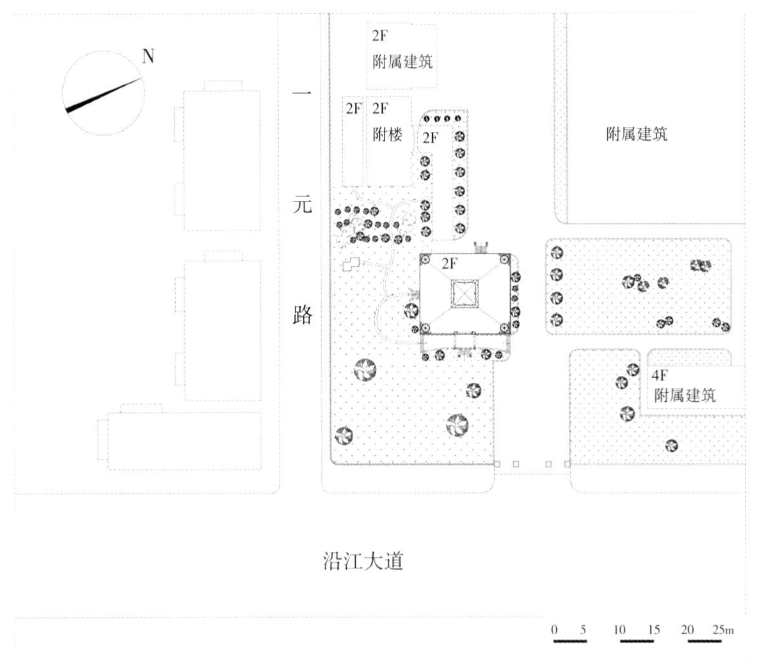


图4-4 街道关系

◆ 图4-4：建筑对面为沿江大道，主入口前有一条车道直通花园门口，这是典型的庭院建筑特点。主建筑与周围路段保持一定的距离，远离嘈杂的环境，并保障了建筑的安全。

## 第三节 技术图则

依据建筑实测图纸，部分辅以三维建模，用技术图则方式解析德国领事馆建筑的环境布局、平面布置、功能流线、围护结构、采光及通风等规划建筑诸元素。德国领事馆技术图则详见图4-4至图4-25所示。

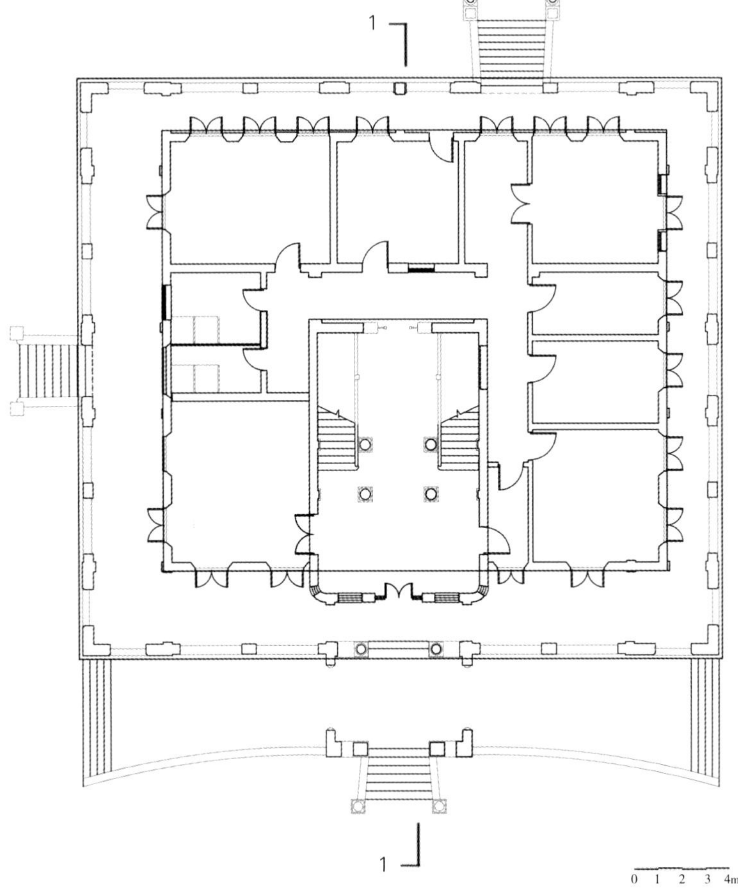


图4-5 一层平面图

◆ 图4-5，图4-6：德国领事馆为典型的外廊式建筑，外廊的设计使建筑在炎热的夏天既有良好的通风，又避免了阳光的直射，十分符合武汉的亚热带季风气候，属典型的殖民地式风格建筑，值得我们借鉴学习。

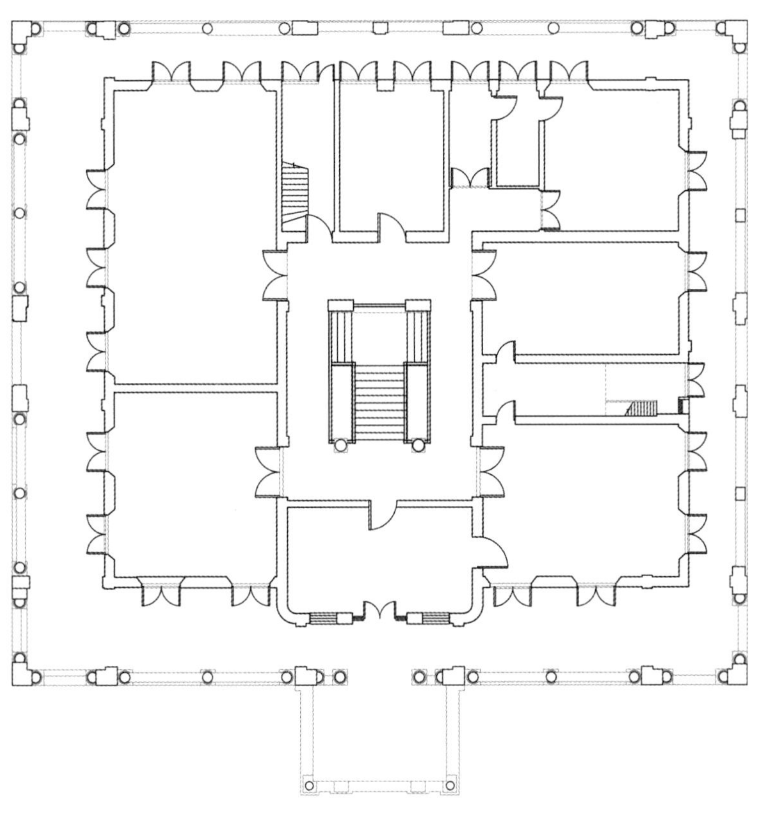

0 1 2 3 4m

图4-6　二层平面图

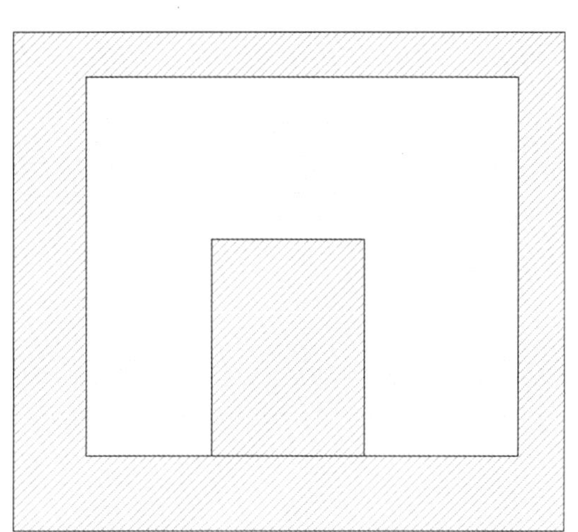

灰空间

室内

私密空间

公共空间

图4-7　平面灰空间

图4-8　公共空间与私密空间

◆ 图4-9~图4-12：外廊的设计使原来的窗户、门、外墙面都退到外廊内侧，增加了建筑的虚实变化以及立面的层次。

图4-9 正立面图

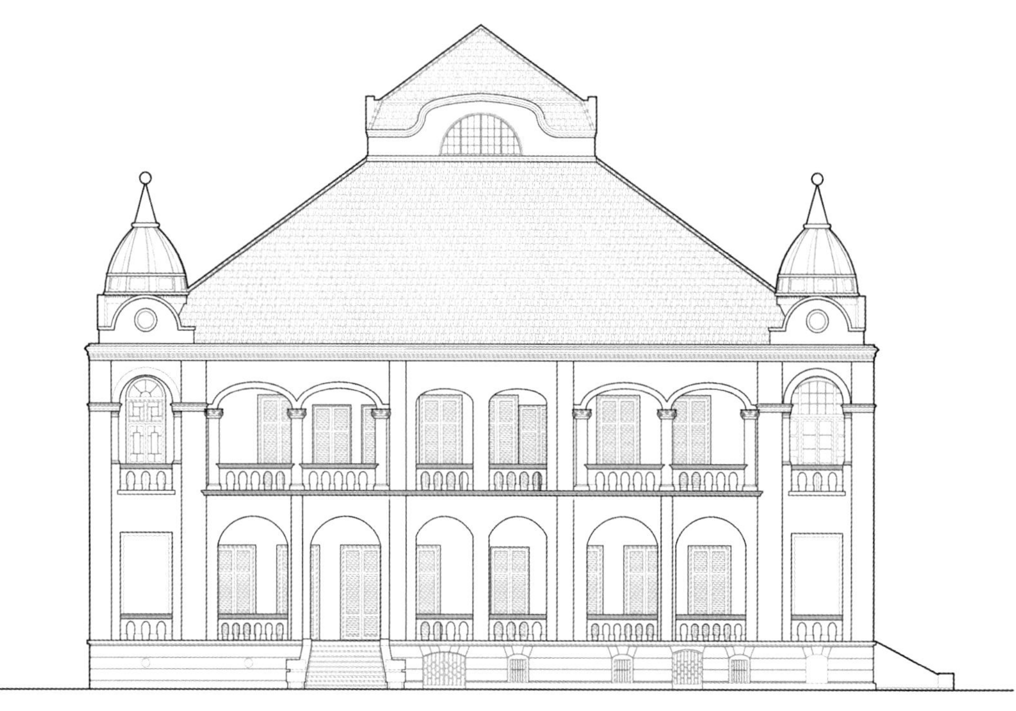


图4-10 背立面图

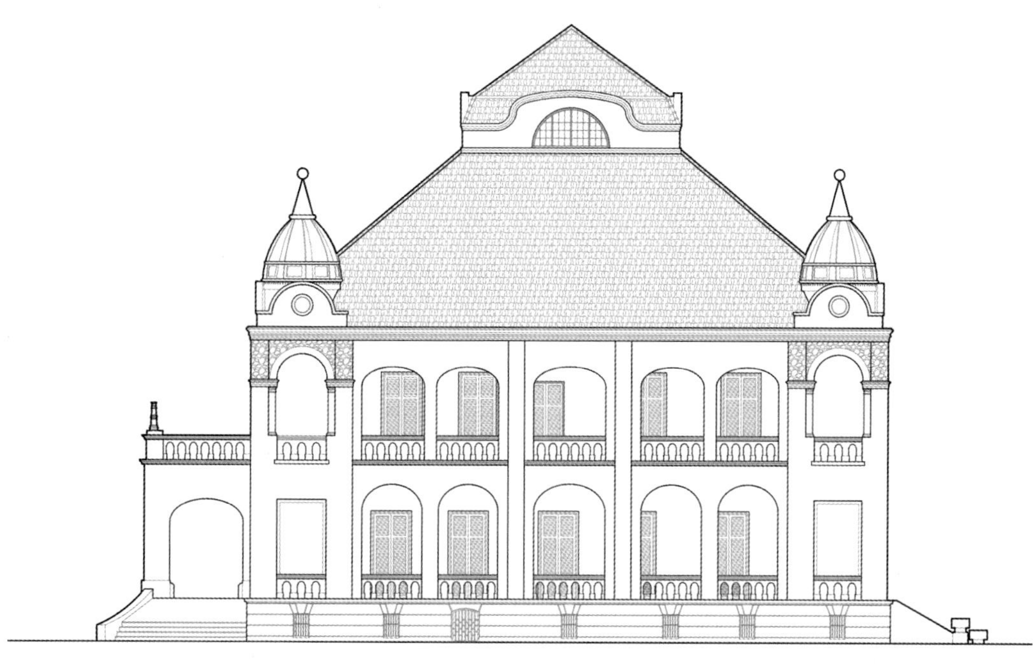


图4-11　侧立面图（1）

图4-12　侧立面图（2）

◆ 图4-13：对称与均衡不仅是总平面布局的常用原则，同时也是建筑空间塑造的重要手法。

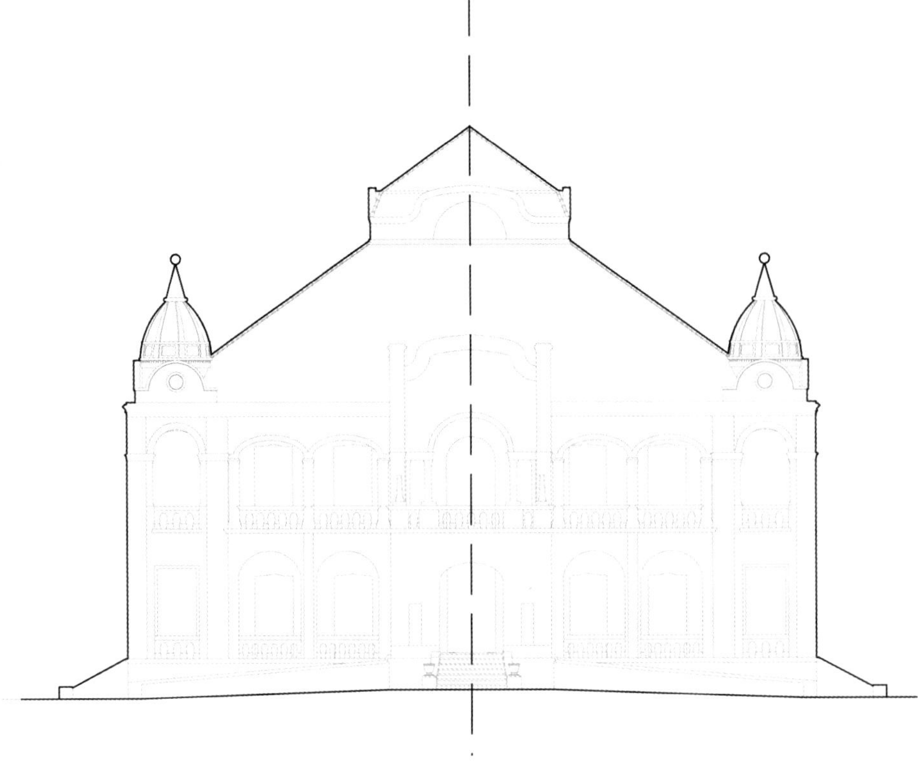

图4-13　对称与均衡



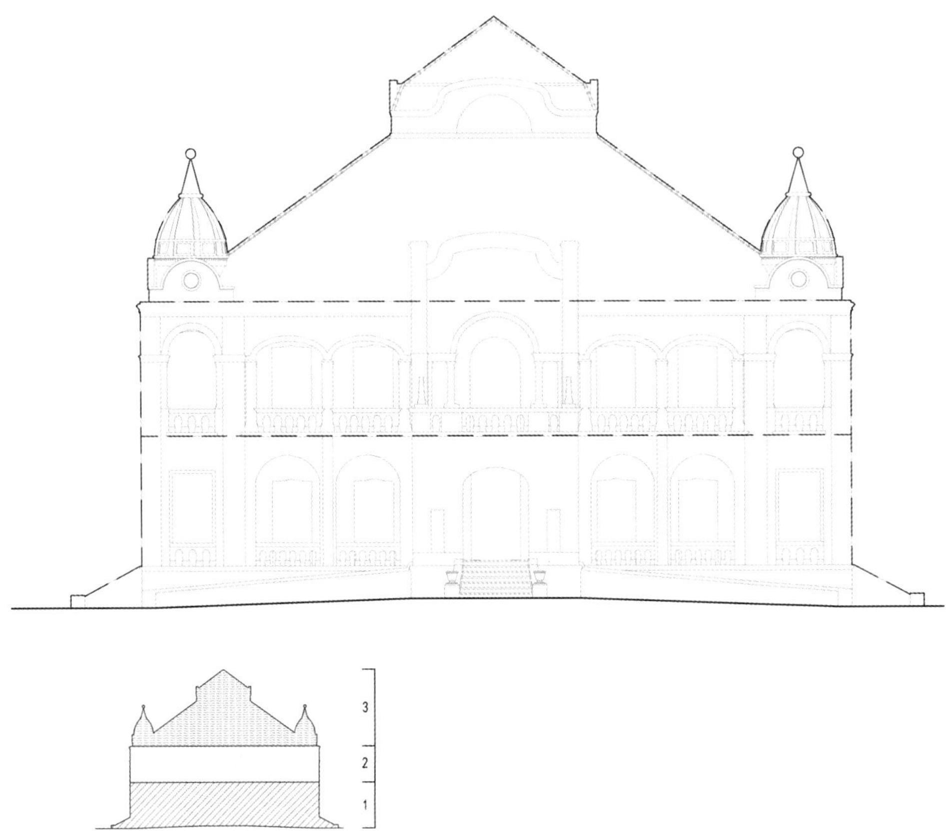


图4-14　纵向三段式构图

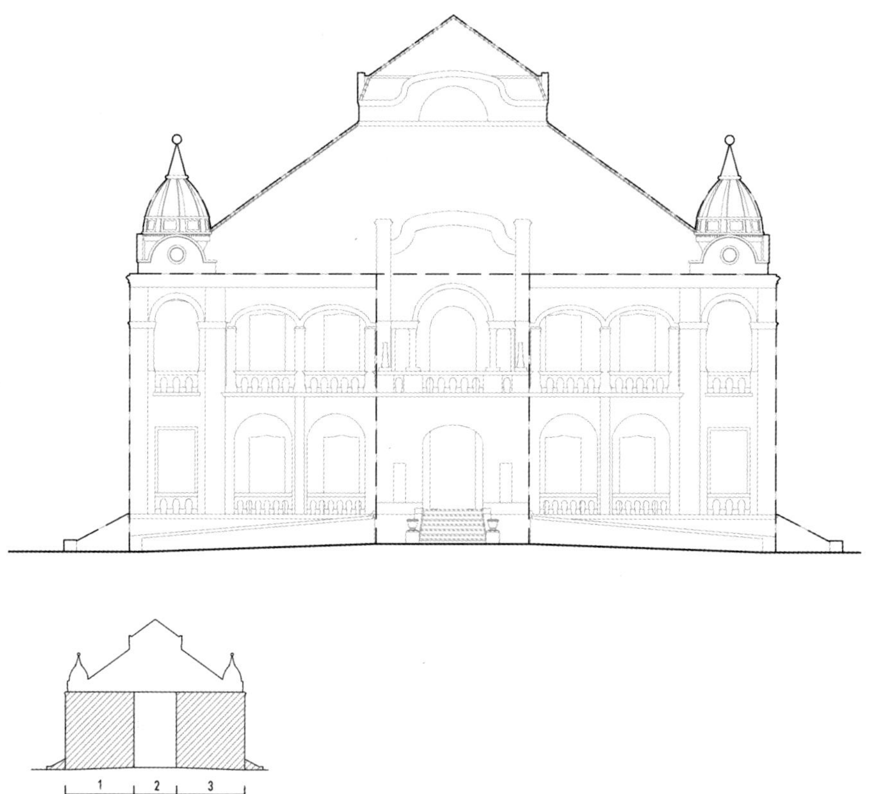


图4–15　横向三段式构图



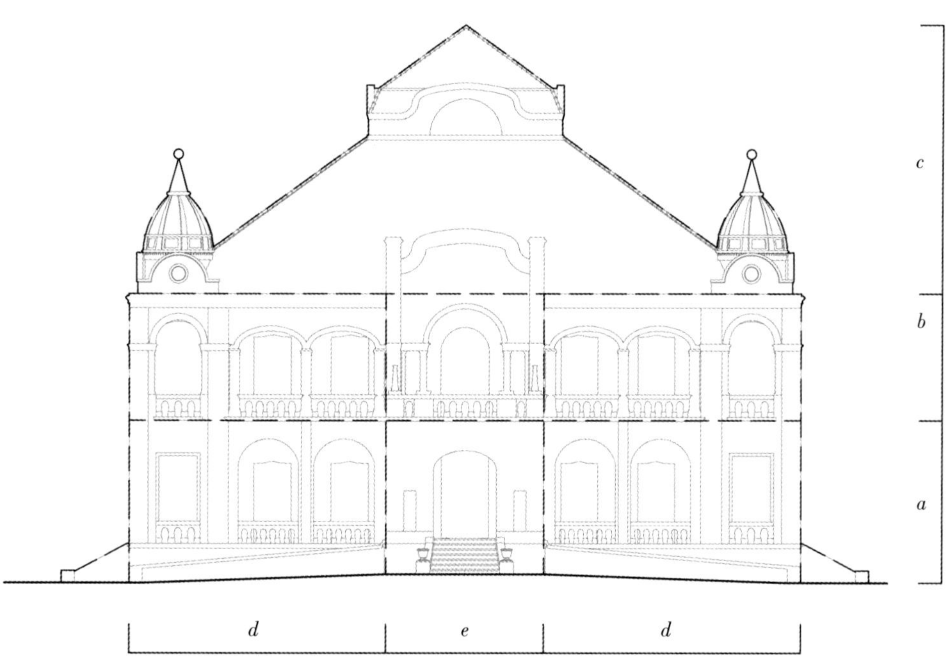


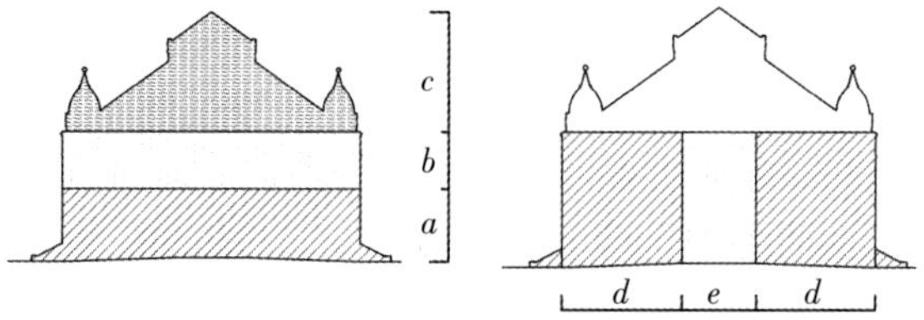


图4–16　构图比例

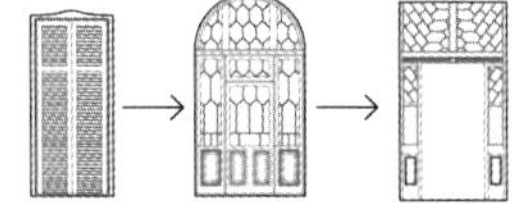

图4-17　重复与变化

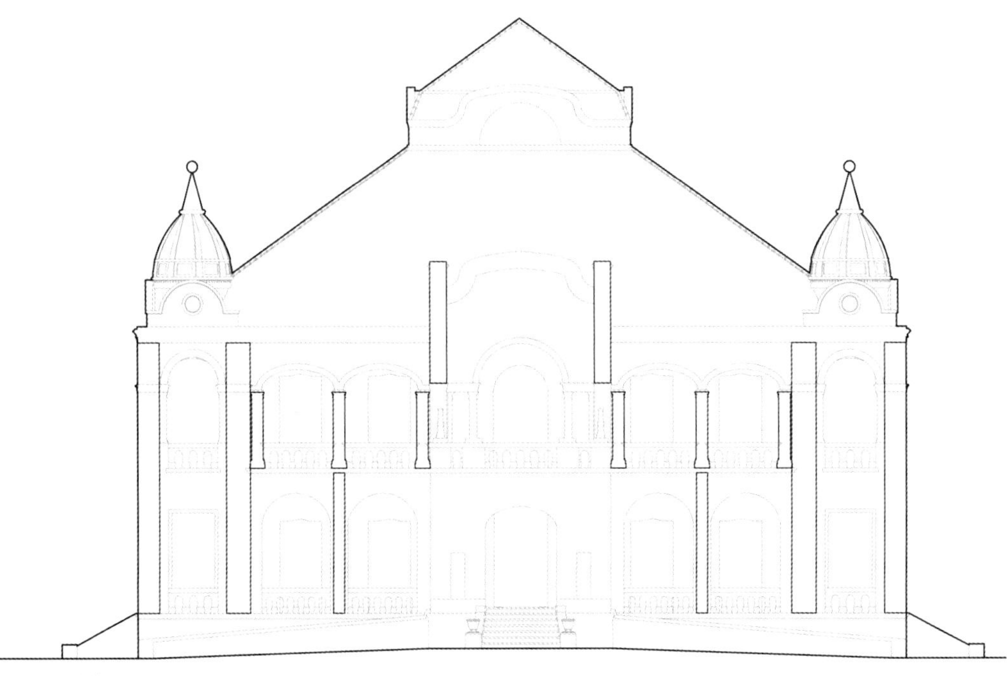

图4-18　韵律

图4-19　立面凹凸

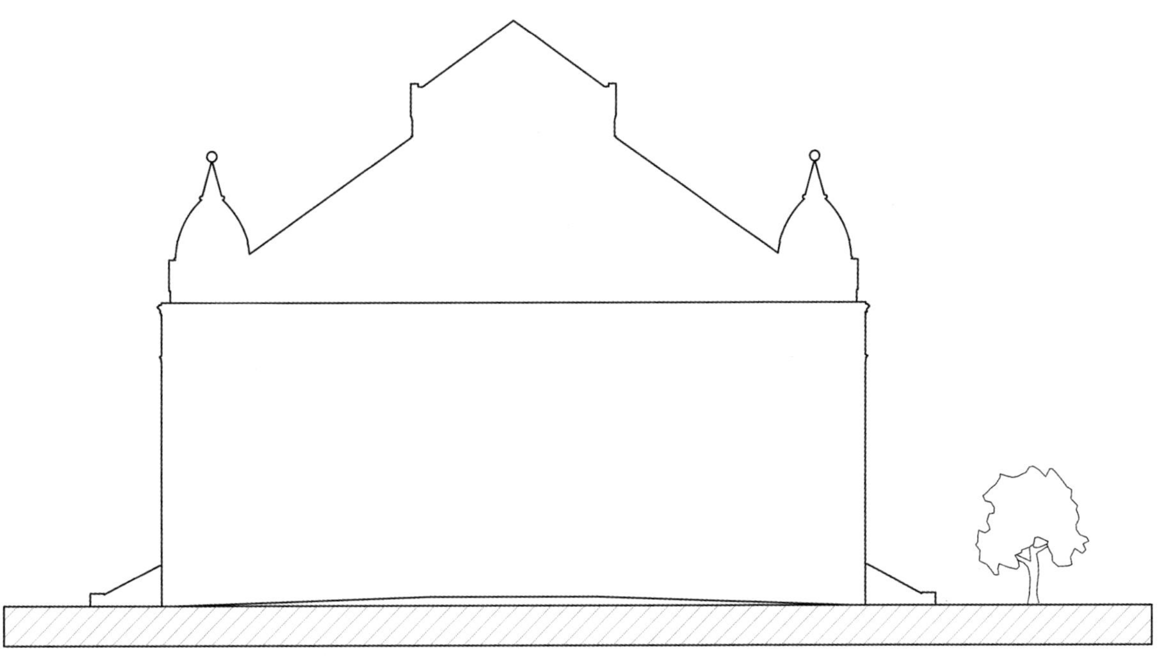

图4-20　体量关系

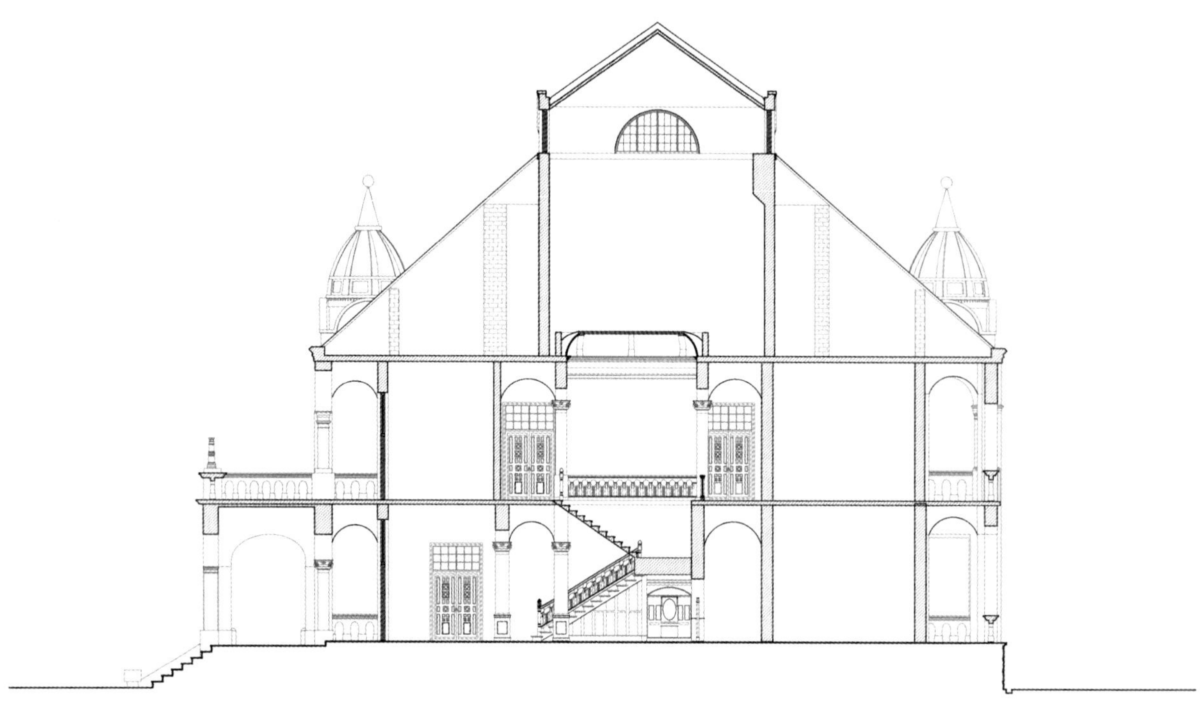


图4-21　1-1剖面图

◆　图4-22：德国领事馆突出的门楼形成了独特的灰空间，强调了入口的延伸感，并形成了重点突出的入口空间。

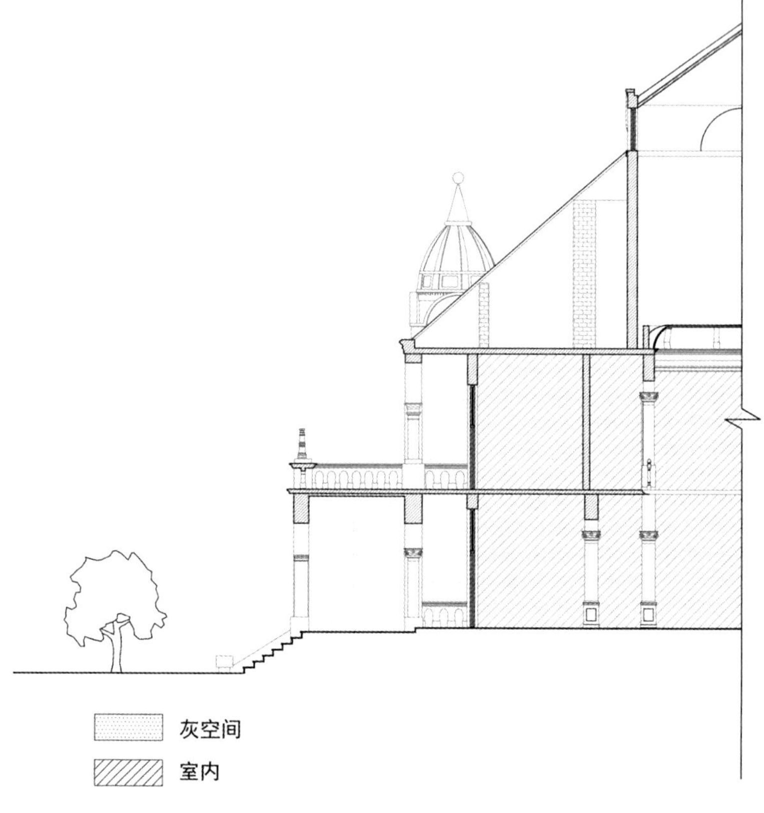


图4-22　灰空间

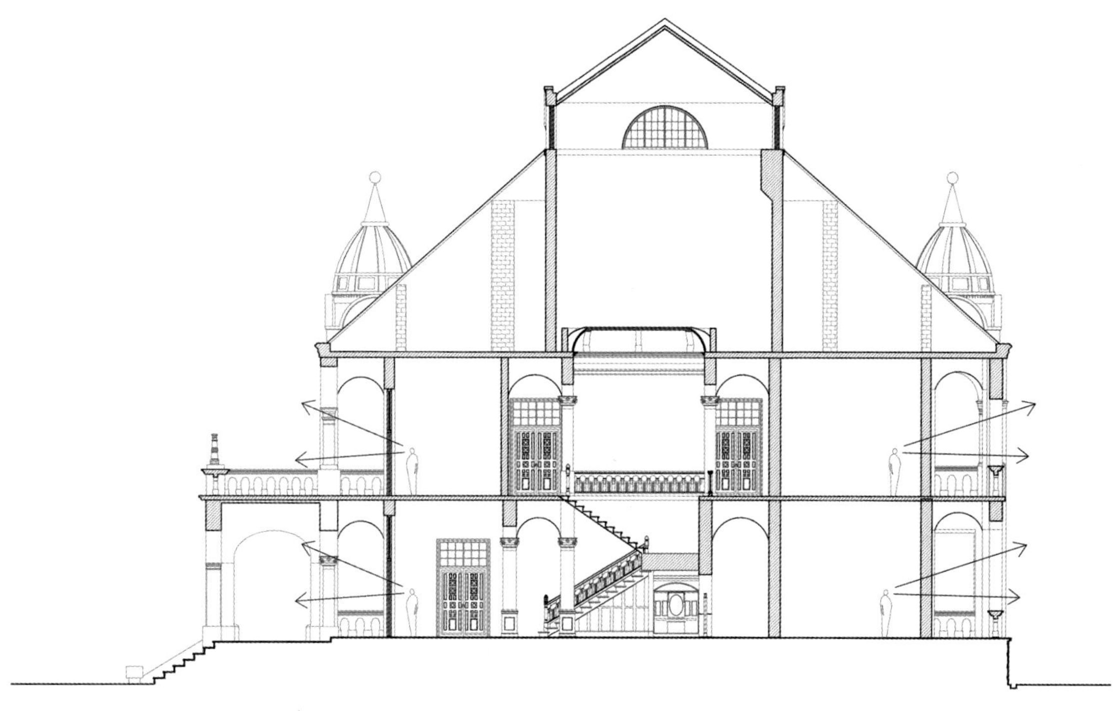

图4-23　视线分析



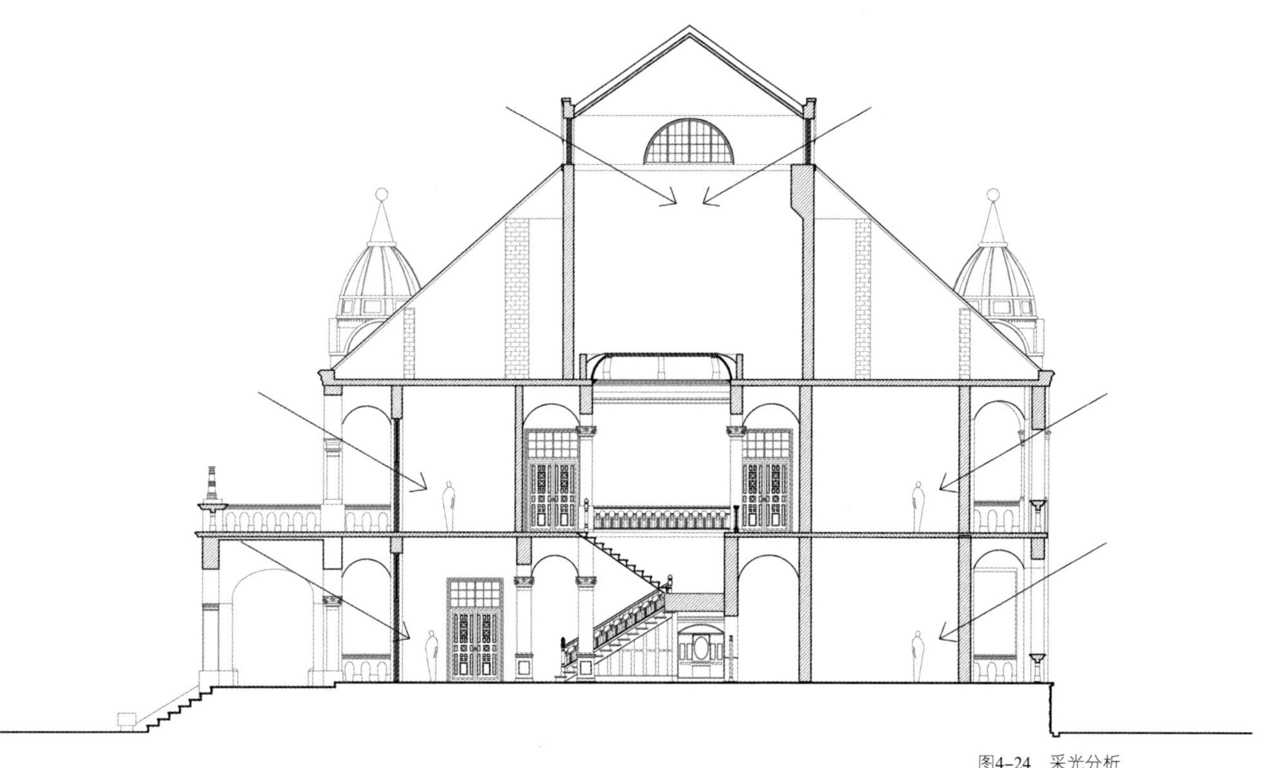

图4-24　采光分析

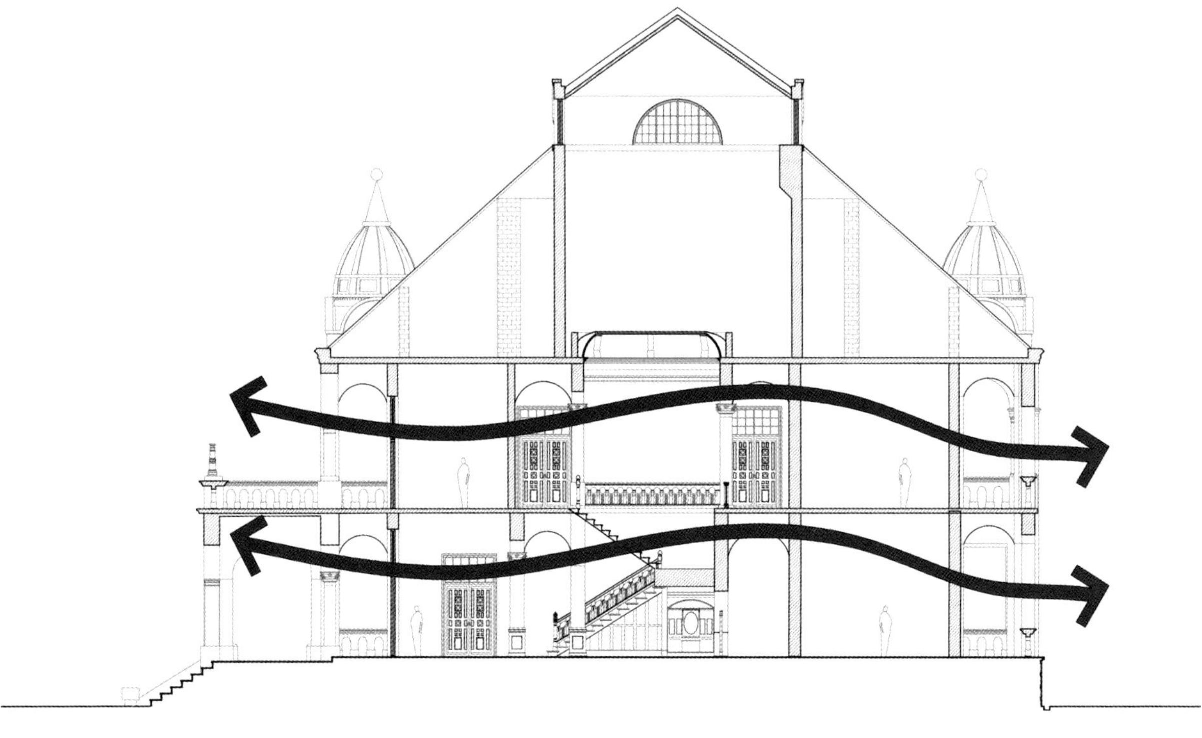

图4-25　通风分析

# 05
# 第五章

# 第五章 俄国领事馆

在俄租界划定之前，俄国领事馆于1869年在汉阳设立。俄租界划定之后，俄政府遂在汉口筹建新馆。俄国人在建筑设计手法上独辟蹊径，采取了与其他各国不同的成片建筑方式，在这片大院内建成了一个低层建筑群，其间共建有9栋两层的高级豪华附属楼房。



## 第一节 历史沿革

俄国领事馆历史沿革

| 时 间 | 事 件 |
| --- | --- |
| 1869年 | 俄国在汉阳建立领事馆。 |
| 1896年 | 俄政府与清政府在汉口签订划地建馆土地条约，筹建新馆。 |
| 1902年 | 俄国新领事馆建成，共有9栋两层豪华附属楼房。<br>图5-1 俄国领事馆老照片（图片来源于网络） |
| 1909年 | 俄国驻汉口领事馆改为总领事馆。 |
| 1923年 | 俄租界被收回，此建筑作为武汉卫戍司令陶钧的官邸。 |
| 1949年 | 俄国领事馆被用作湖北省电影发行公司办公楼。电影公司对领事馆进行了改造，将其加建为四层办公楼。 |
| 1989年 | 湖北省电影发行公司在原俄国领事馆前兴建电影城，将俄国领事馆遮挡。 |
| 1993年7月28日 | 俄国领事馆被武汉市人民政府公布为优秀历史建筑。 |
| 1994年 | 湖北省电影发行公司从俄国领事馆迁出。 |
| 2004年 | 领事馆被武汉粗茶淡饭有限责任公司租用。经过将近半年对该建筑的重新装修，于2004年底入驻。俄国领事馆被改造为“洞庭壹号会所”。 |

## 第二节　建筑概览

俄国领事馆旧址位于汉口洞庭街74号，该馆采取建筑群组合方式，共建有9栋两层楼房，均为砖木结构，于此期间又增建一栋钢筋混凝土结构的两层办公楼。

建筑建于1902年，1909年起改为总领事馆。俄租界被收回之后，此建筑曾作为武汉卫戍司令陶钧的官邸。1949年解放后，俄国领事馆旧址先后由湖北省电影公司、湖北省电影放映总公司使用。之后经过几次易主，由一个办公建筑改造成了娱乐城，中间曾经被武汉粗茶淡饭餐饮有限责任公司租赁，将其改造成集会议、娱乐等项目于一体的综合性高档会所——洞庭壹号。现今处于闲置整改的状况。

领事馆原为两层建筑，之后被电影公司改建成了一座四层的办公楼，原本通透的四面回廊被混凝土封实，而原本的柱廊则被用来当作窗户的装饰。现存的俄国领事馆为四层钢筋混凝土结构建筑，地下一层，折衷主义风格，建筑面积2819m$^2$，设计施工者不详。建筑平面呈扇形，对称布局，主入口设置在正中。建筑中充分运用了石柱的装饰性，一层为连续的拱券门，入口处设三开间门厅，中部的拱券略大于两侧的小拱，它除了竖向荷重时具有良好的承重特性外，还起着装饰美化的作用。

从立面上来看，建筑有着许多丰富绚丽的雕花，多为对称图形。雕花常用旋涡、山石、神兽作为装饰题材，卷草舒花，缠绵盘曲，连成一体。俄国领事馆是对称式的建筑，显得朴实而稳重。车辆通道直接穿过门厅，门厅上方构筑起二层的阳台，强调主入口空间。两侧翼楼设计巧妙，四面通透，临街立面向外伸展，形成强烈的动势。回廊贯穿于一二层，具有很好的视野。在楼房前面有宽阔的院落，入口门厅上方的窗户稍稍向外突出，并且要宽于左右两侧的窗户。建筑中部和两侧有垂直的六条横条状的突起装饰，把建筑分成了成比例的五个部分，增强了建筑的竖向感觉。

建筑背立面更为简洁，门斗上方有三层矩形方窗，全为硬木拼装，向外突出，具有立体感。所有门窗均为拱券檐饰，与里面的风格相呼应。整个大楼风格朴素精致，却不失威严大气，实属近代领事馆建筑中的经典之作。

俄国领事馆照片详见图5-2至图5-12所示。

图5-2　俄国领事馆透视图

图5-3　俄国领事馆局部透视图

图5-4　俄国领事馆背立面实景图

图5-5　俄国领事馆入口

图5-6　俄国领事馆侧立面实景图

图5-7　入口门楼

图5-8　窗户（1）

图5-9　窗户（2）

图5-10　拱券窗

图5-11　背立面入口

图5-12　柱头雕饰

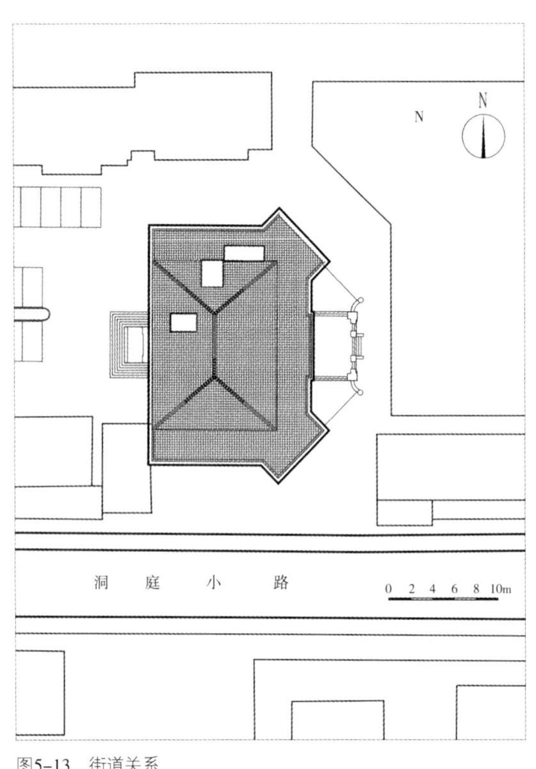


图5-13 街道关系

## 第三节 技术图则

依据建筑实测图纸，部分辅以三维建模，用技术图则方式解析俄国领事馆建筑的环境布局、平面布置、功能流线、围护结构、采光及通风等规划建筑诸元素。俄国领事馆技术图则详见图5-13至图5-38所示。

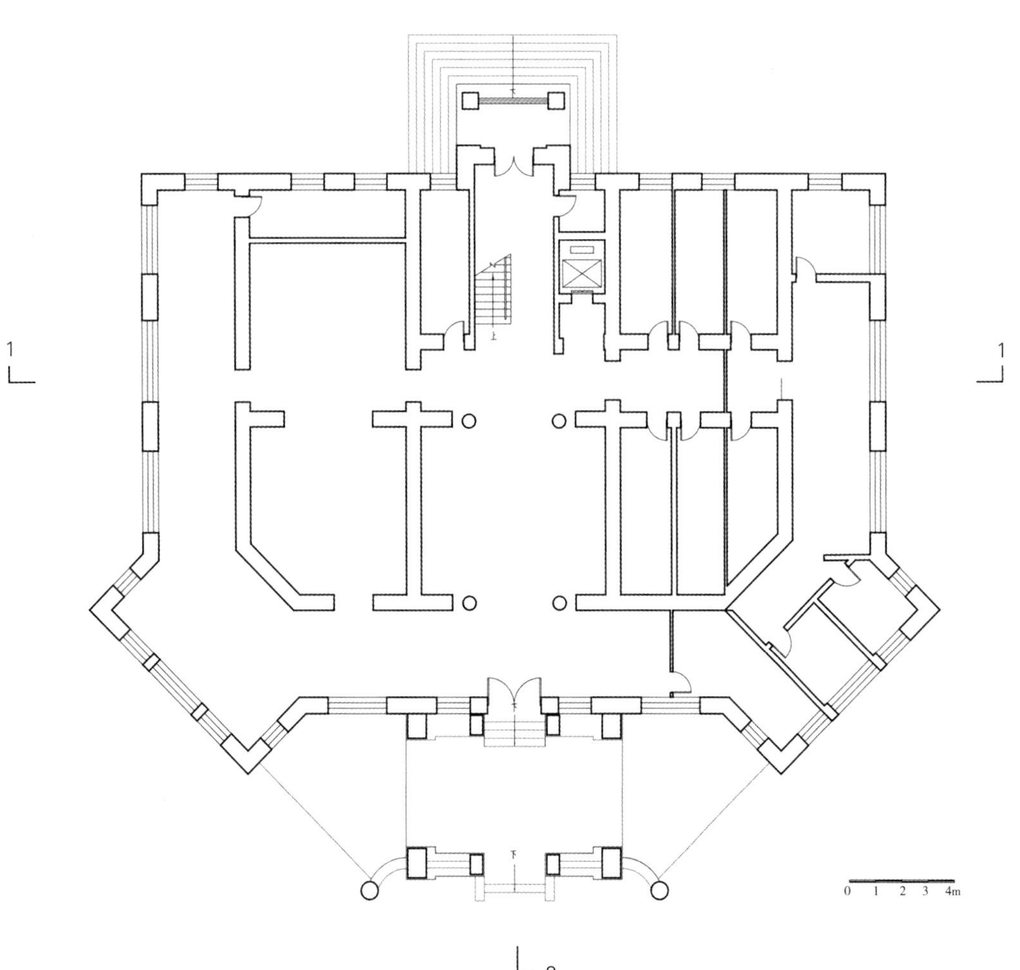


图5-14 一层平面图

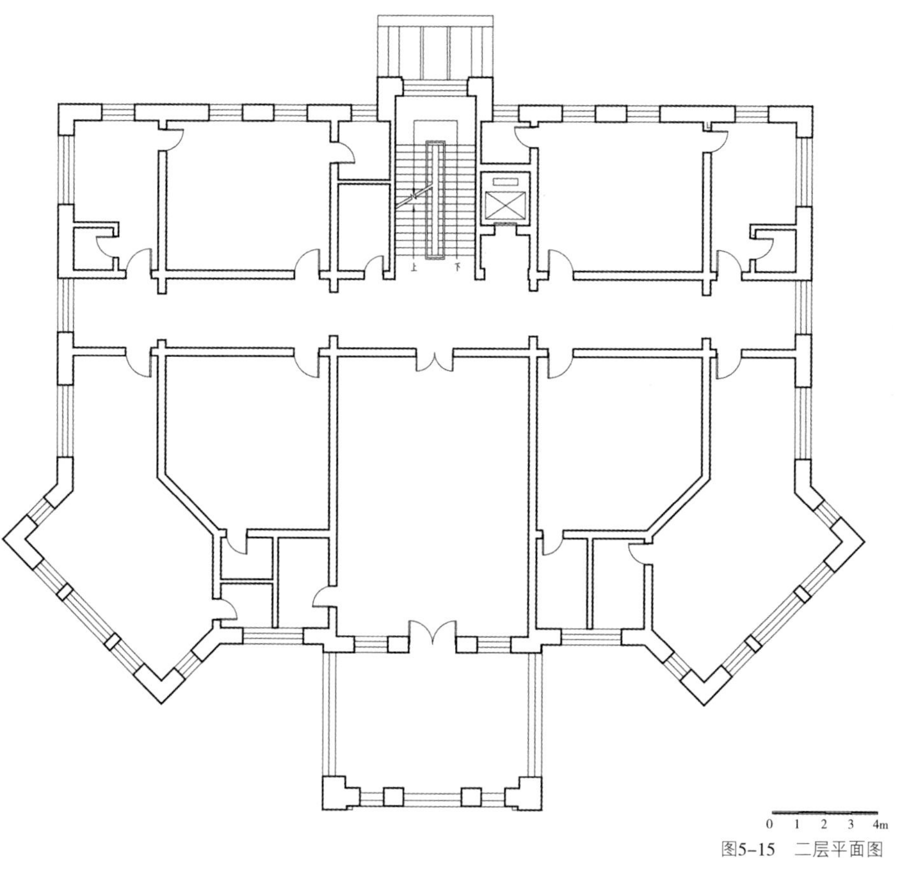

图5-15　二层平面图

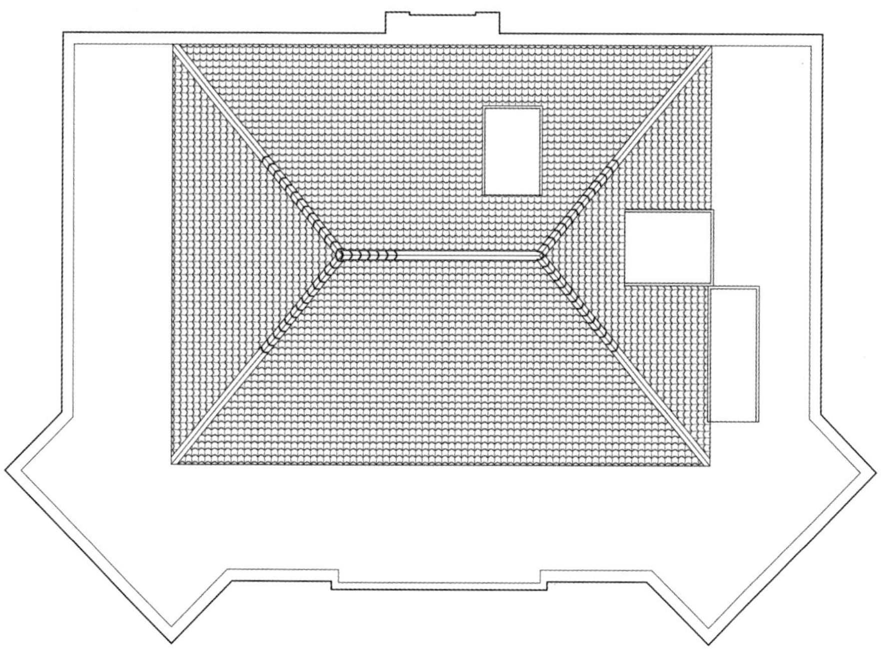

图5-16　屋顶平面图

◆ 图5-17：建筑平面以一条内走廊连接，布局紧凑。以入口大门与楼梯中点相连为中轴，东西两侧对称设计，两侧向外延伸的房间强调了建筑入口，具有较强的交通流线指引性。



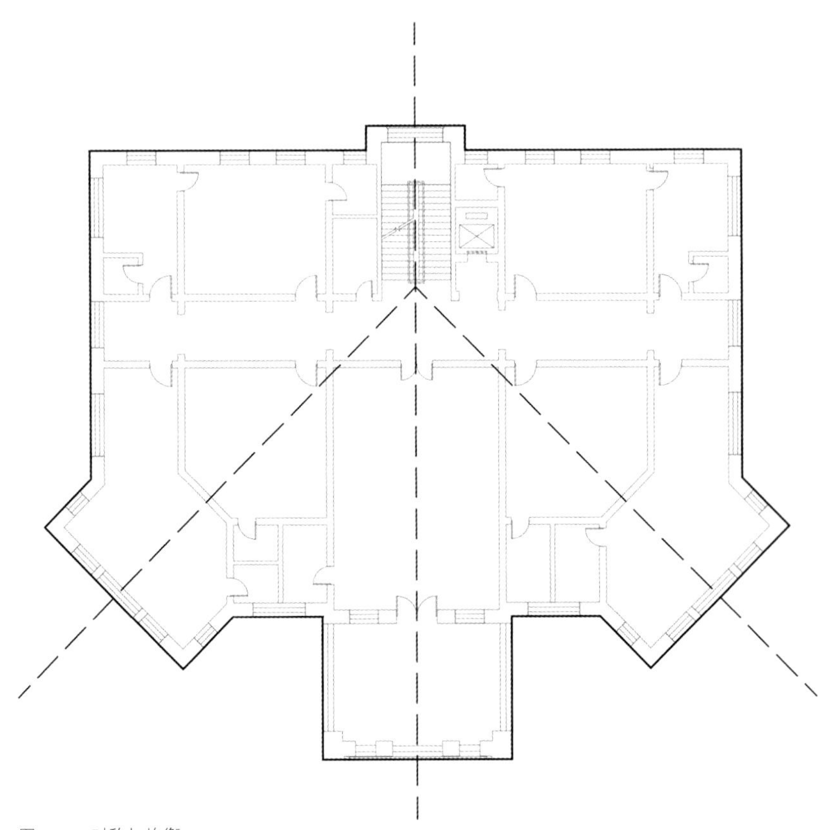

图5-17　对称与均衡

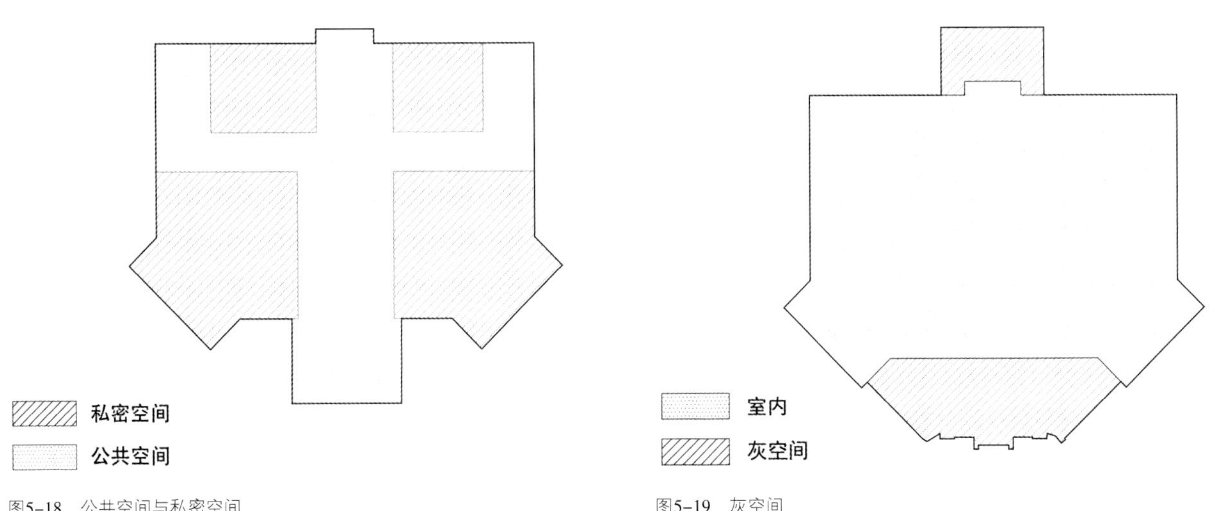


图5-18　公共空间与私密空间

图5-19　灰空间

◆　图5-20，图5-21：俄国领事馆立面具有折衷主义建筑特征，建筑运用丰富的线条勾勒出了形体的错落和节奏感，整个建筑风格杂糅，手法多样，是折衷主义的典范。

图5-20　正立面图

图5-21　背立面图

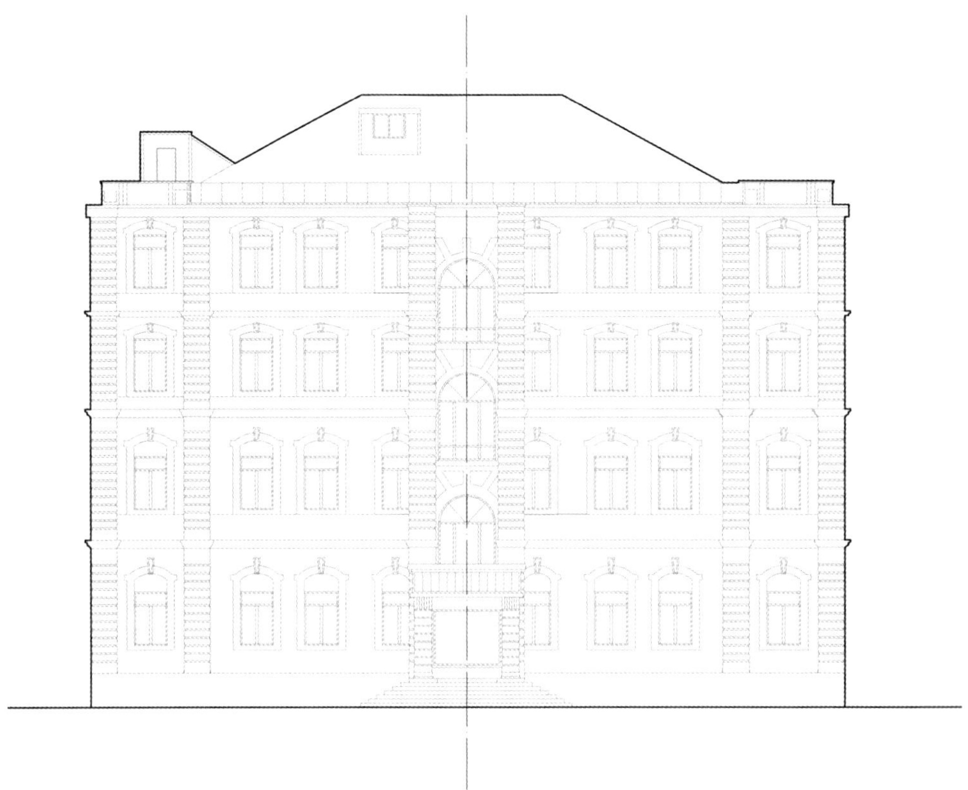

图5-22　对称与均衡



◆　图5-23：俄国领事馆遵循古典主义风格建筑的横向五段式构图，外立面造型强调主从关系，同时强调了建筑向上的趋势，与纵向体量构成和谐感。

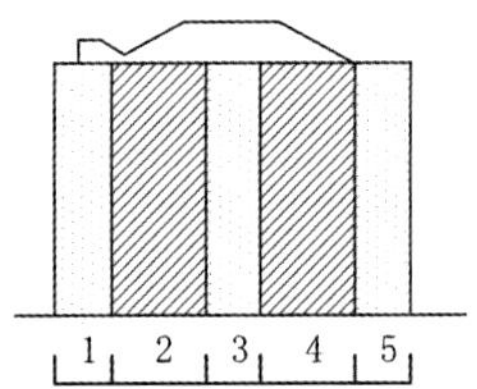


图5-23　横向五段式构图

$a : b = 1 : 1.5$

图5-24　构图比例

图5-25　立面凹凸

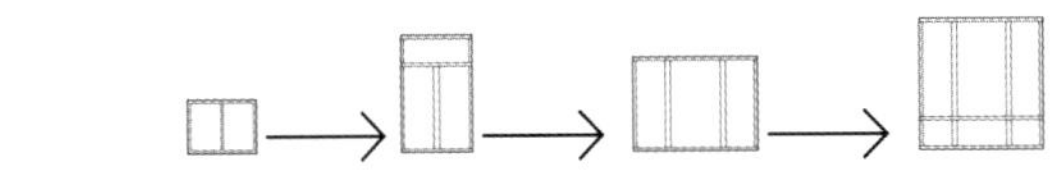

图5-26　重复与变化

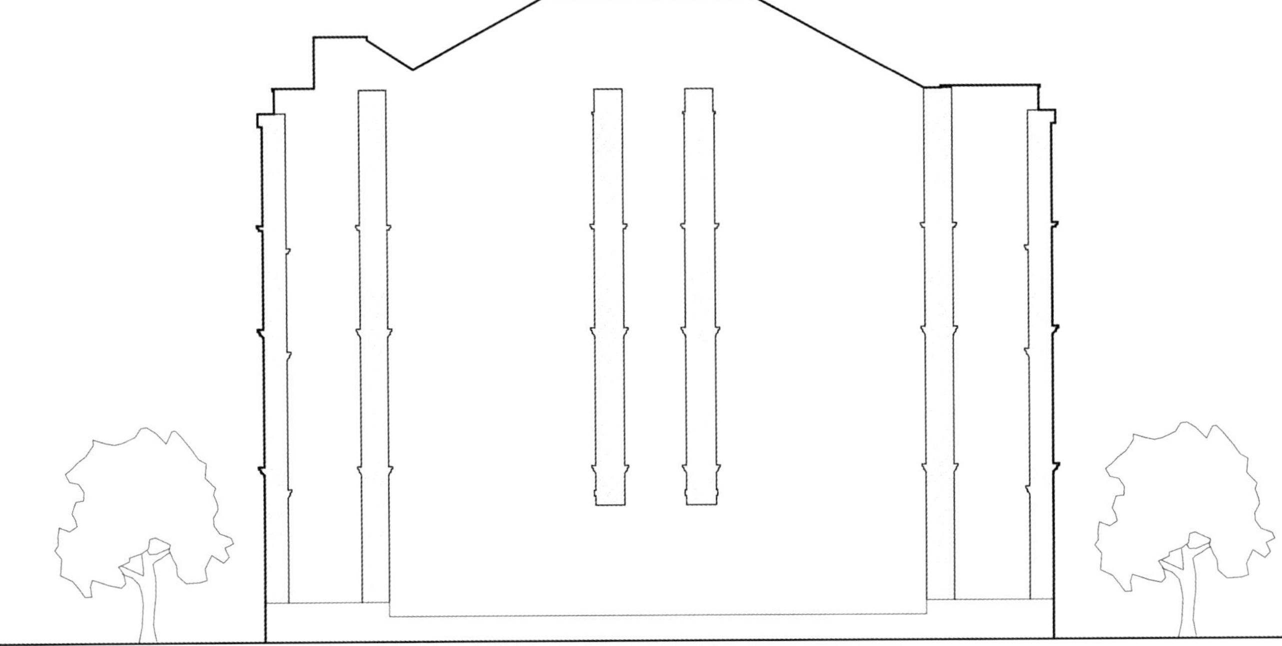

图5-27　韵律

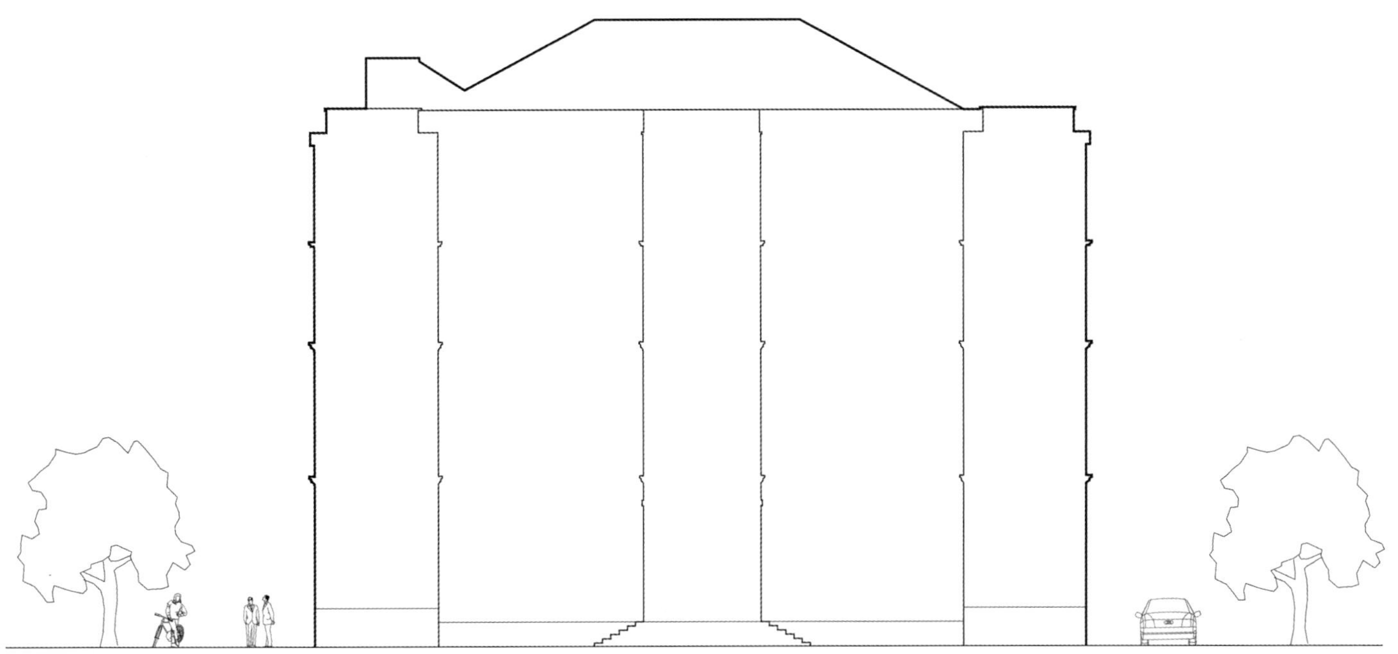

图5-28　体量关系



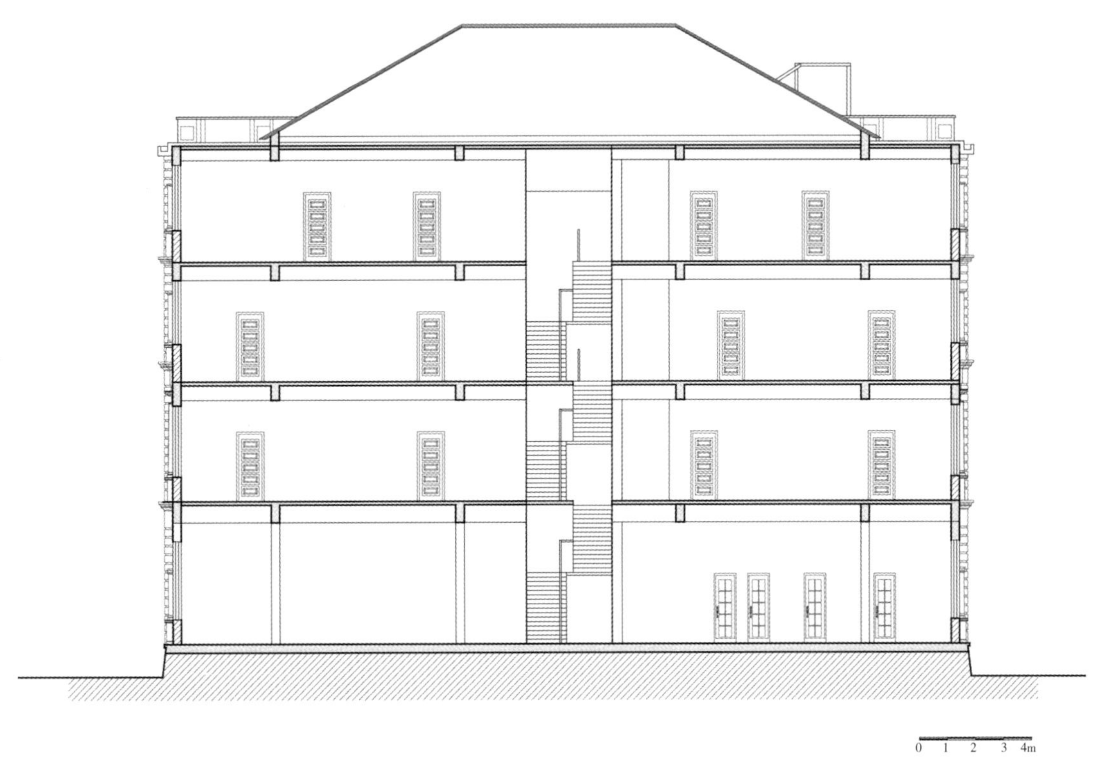


图5-29　1-1剖面图

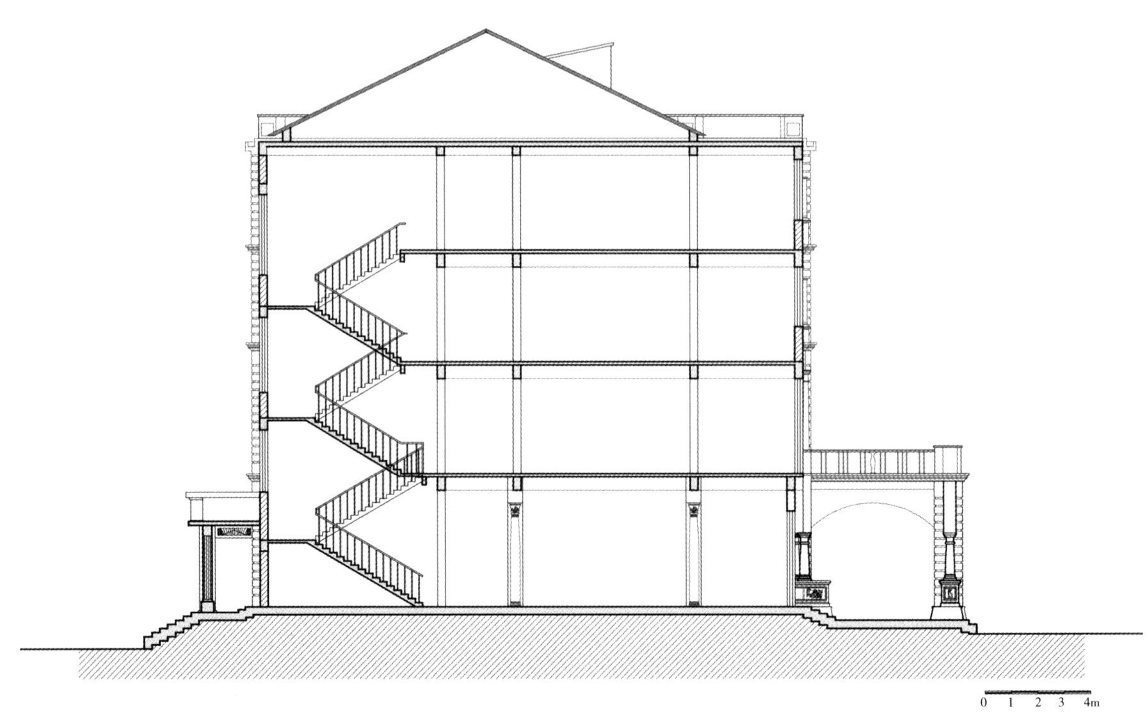


图5-30 2-2剖面图



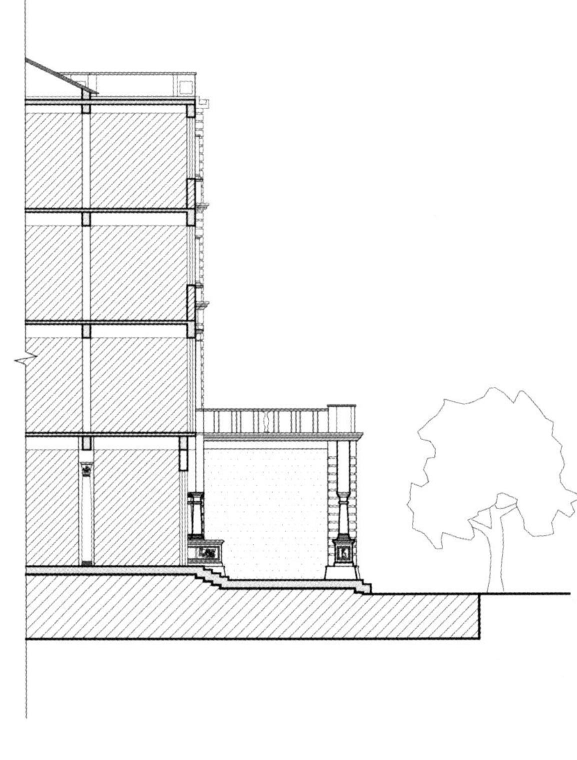


图5-31 灰空间

◆　图5-32~图5-34：对视线、采光以及自然通风的优先考虑，无疑是近代建筑的突出特性，尽量源于自然、和谐于环境，而这恰好暗合了地域性与生态性的内在诉求。

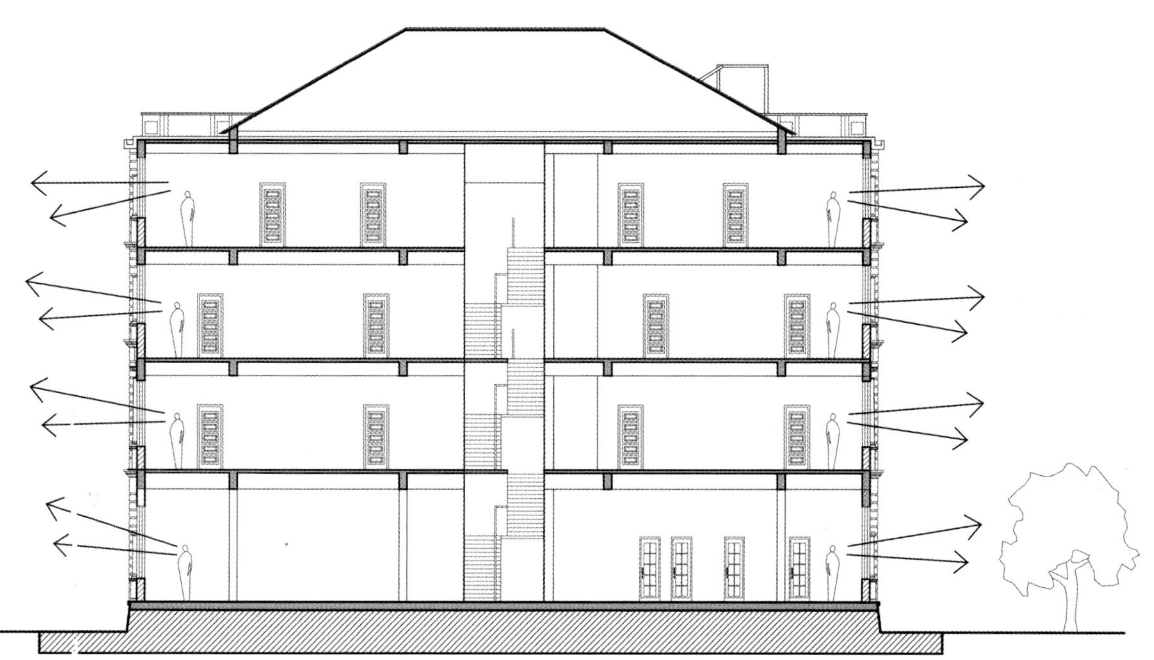

图5-32　视线分析

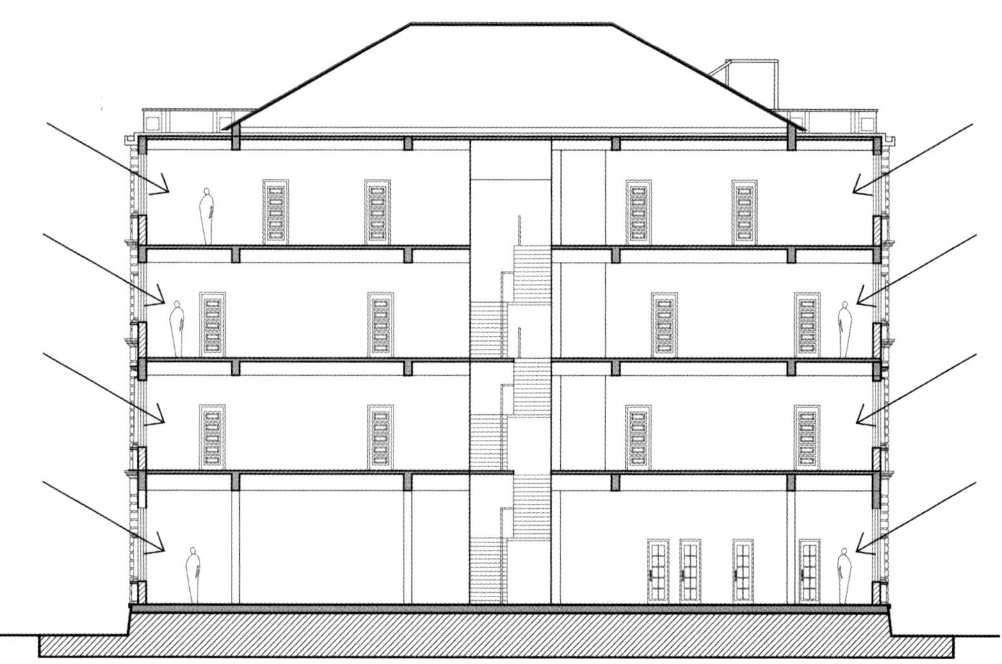

图5-33　采光分析

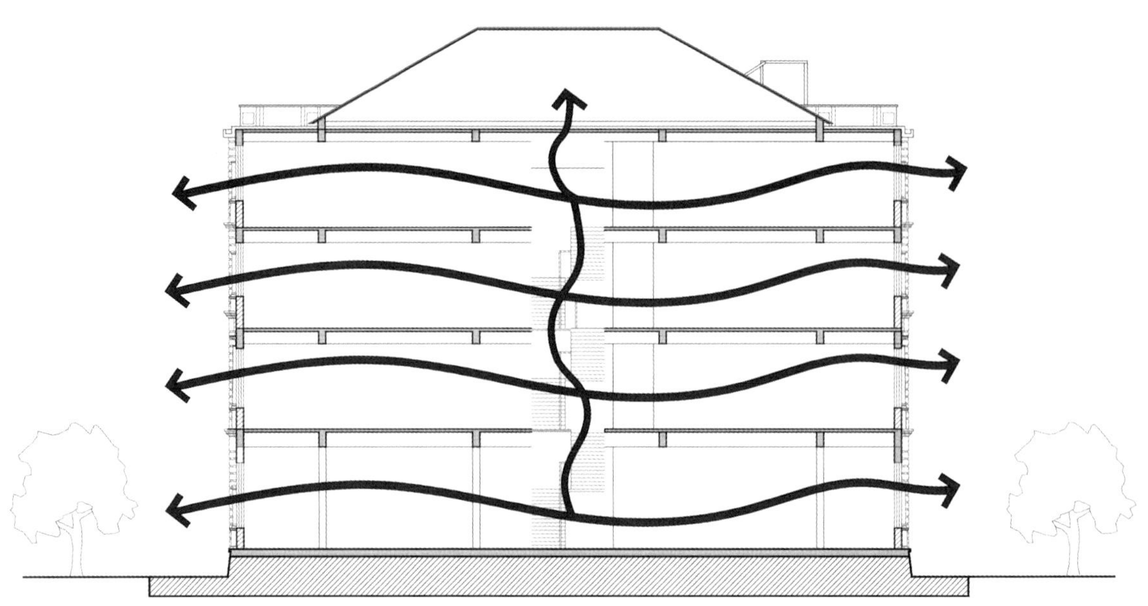

图5-34　通风分析

◆　图5-35~图5-38：细节最能表现出一个建筑的特色，门、窗、柱式还有栏杆表达出的细腻能诠释出建筑的人性与感情，在近代领事馆建筑细节中的体现尤为突出，值得现今设计人员学习与借鉴。

图5-35　柱大样

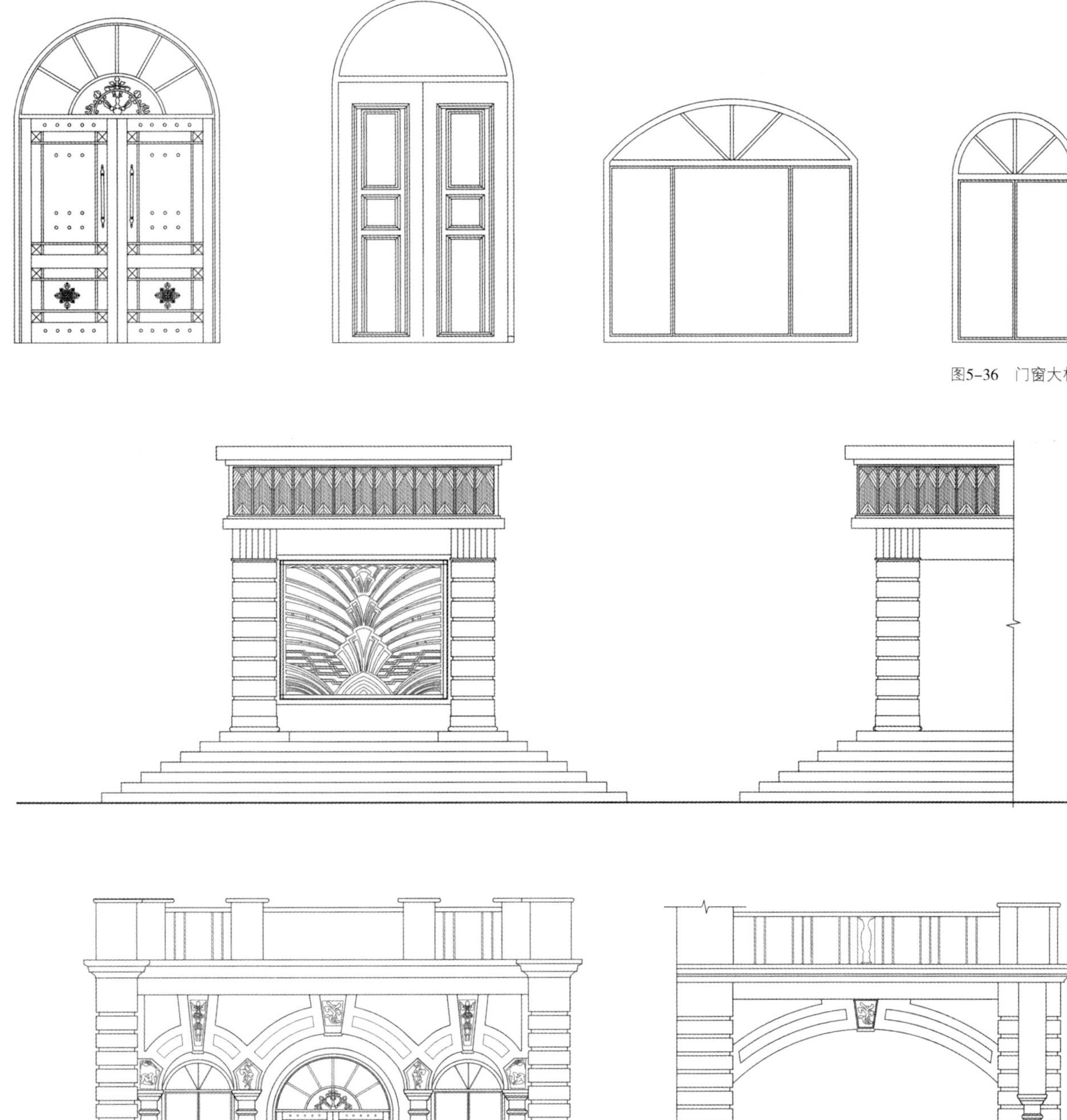

图5-36　门窗大样

图5-37　入口门楼大样

图5-38　栏杆雕花大样

# 06
# 第六章

# 第六章 美国领事馆

汉口美国领事馆旧址位于江岸区车站路1号，建成于1905年，是武汉少有的巴洛克式建筑，有欧洲中世纪城堡之风。领事馆大楼主体建筑为三层混砖结构，建筑面积2941m²。1998年美国领事馆被公布为武汉市文物保护单位。



## 第一节 历史沿革

美国领事馆历史沿革

| 时间 | 事件 |
|---|---|
| 1861年 | 美国在武汉设立了领事馆，开馆之初，馆址在汉阳。 |
| 1905年 | 新领事馆大楼落成，馆址迁入汉口。 <br>图6-1 美国领事馆老照片（图片来源于网络） |
| 1941年12月 | 太平洋战争爆发，领事馆闭馆。 |
| 1945年 | 抗战胜利后，领事馆复馆。 |
| 1949年5月 | 武汉解放，领事馆再次关闭。 |
| 1998年5月27日 | 美国领事馆被公布为武汉市文物保护单位。 |
| 2008年 | 美国领事馆被租用为武汉人才市场。 |

## 第二节　建筑概览

汉口美国领事馆旧址位于江岸区车站路1号。1861年4月，汉口成为对外通商口岸的第二个月，美国即在武汉设立了领事馆。开馆之初，馆址在汉阳。1905年，随着车站路这座红色的巴洛克风格的领事馆大楼落成，美国领事馆迁至此。

美国领事馆主体建筑为三层砖混结构，建筑面积2941m$^2$。临江主立面由三个层高不同的阶梯状建筑体组成。平面为带有凸凹的矩形，主入口在中间位置凸出半圆形门楼到顶，进去是内空极高的公共大厅。两侧是八边形角塔，形成内聚的动势。拱券窗与起伏的墙面相衬托，相得益彰。红色的波浪形曲面外墙凹凸起伏，宏伟别致，优雅而富有韵律，颇具动感。楼层之间有装饰檐线，增加了层次感。檐口下有小型凹条墙饰，上部有铁花栏杆。顶部两个角塔，有欧洲中世纪城堡之风。檐部及角塔有女儿墙，四坡屋顶覆盖红平瓦，是武汉少有的巴洛克式建筑。三层外墙，均为清水红砖、连续半圆拱券窗门，每层之间都有显著的腰线。

令人印象深刻的是，领事馆外立面呈弧形，形成内聚的动势，起伏舒展，极具流动感。而两街转角的四层八角塔，宛然是欧洲中世纪城堡，既古朴又秀美。整幢楼房从下到上，愈往上愈轻盈。楼房内部装修豪华，走道的水磨石、房间的木地板，至今保存完好。

1941年12月，太平洋战争爆发，领事馆闭馆，直至1945年抗战胜利后复馆。1949年5月，武汉解放，领事馆再次关闭。其旧址现为武汉人才市场。

2008年，美国驻武汉领事馆再度在汉口新世界国贸大厦开馆。

汉口美国领事馆照片详见6-2至图6-9所示。

图6-2　美国领事馆透视图

图6-3　东立面实景图

图6-4　北立面实景图

图6-5　立面细部

图6-6　窗户

图6-7　次入口

图6-8　拱券细部

图6-9　塔楼细部

◆　图6-9：街角的八角形塔楼为欧洲中世纪城堡式样，削弱了装饰性而增强了实用性。

# 第三节　技术图则

依据建筑实测图纸，部分辅以三维建模，用技术图则方式解析美国领事馆建筑的环境布局、平面布置、功能流线、围护结构、采光及通风等规划建筑诸元素。美国领事馆技术图则详见图6-10至图6-28所示。

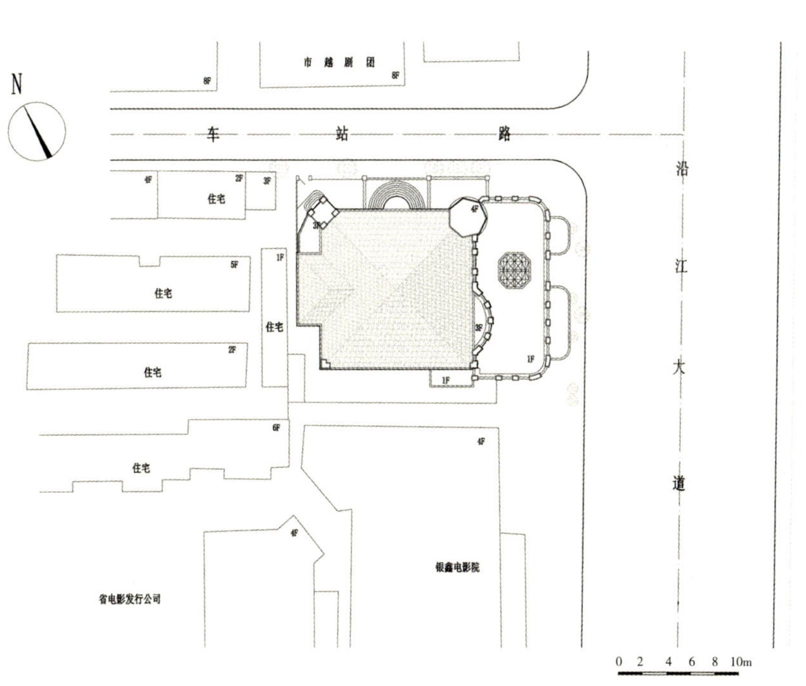

图6-10　街道关系

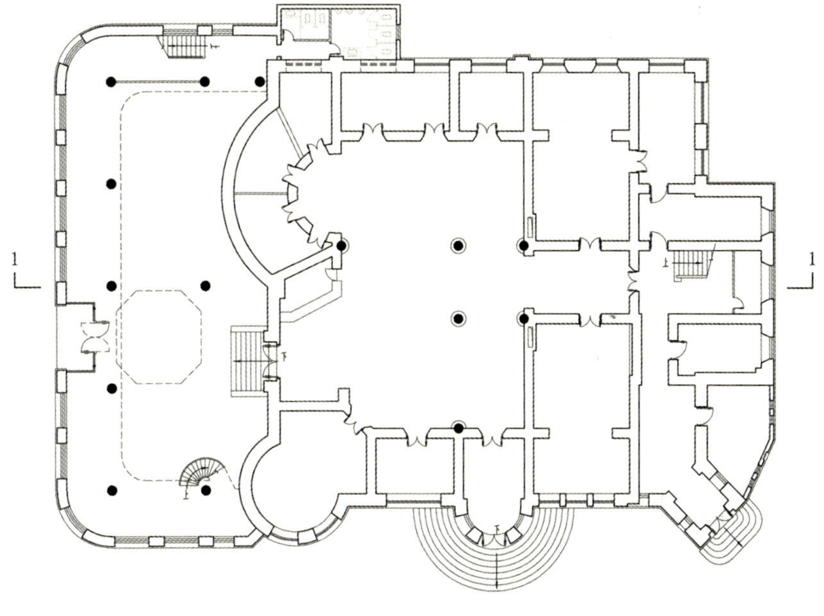

图6-11　一层平面图

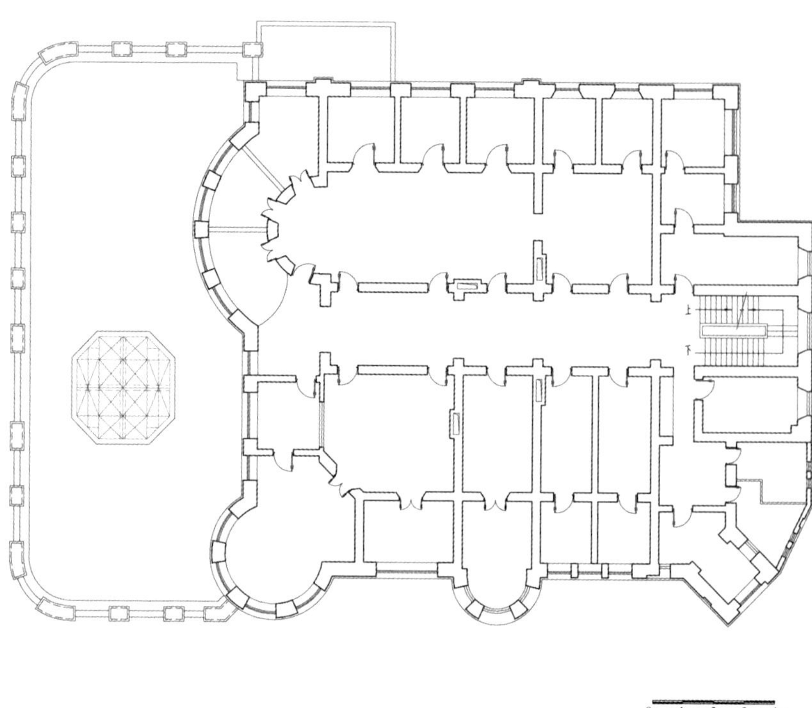


图6-12　二层平面图

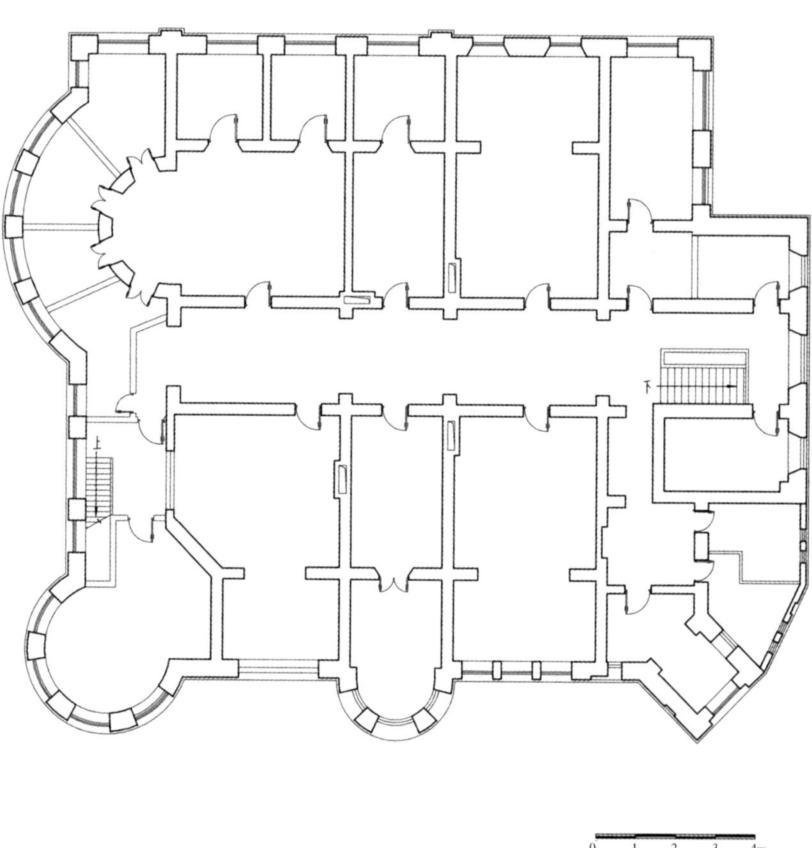


图6-13　三层平面图

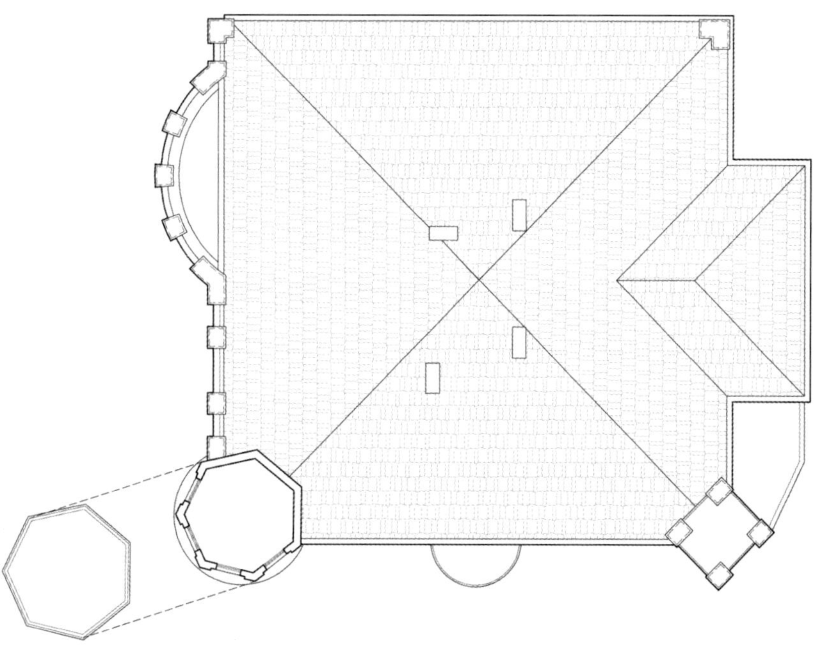


图6-14　屋顶平面图

◆　图6-15：独特的八边形角塔，使建筑体量形成内聚的动势，窗户均为拱券窗，极具巴洛克建筑风格。

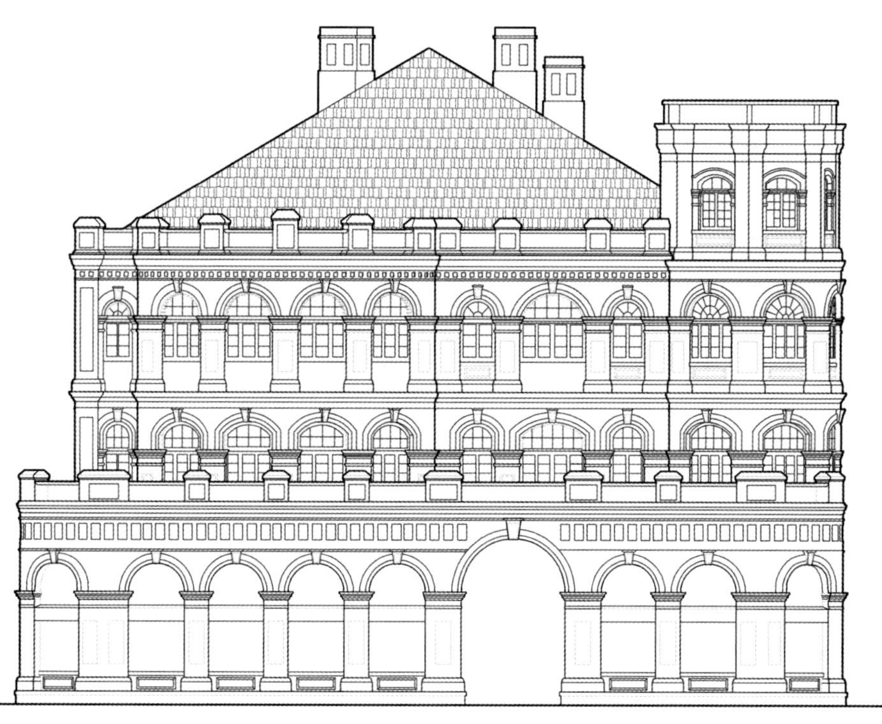


图6-15　东立面图

图6-16　西立面图

图6-17　南立面图

图6-18　1-1剖面图

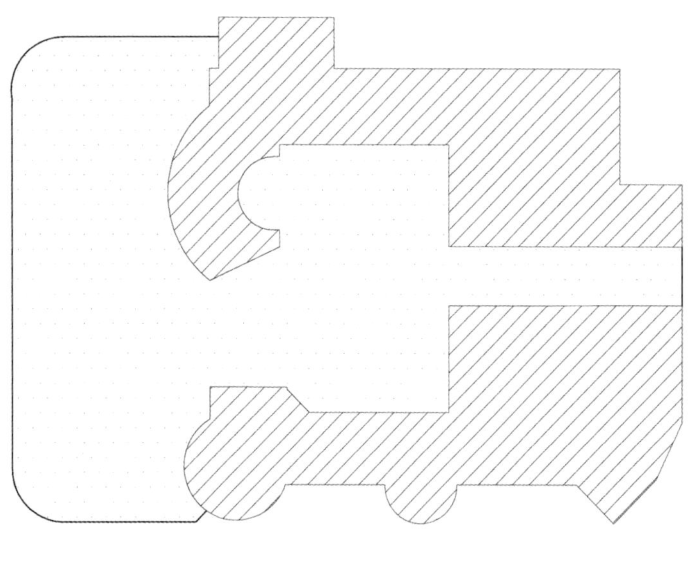


图6-19　公共空间与私密空间

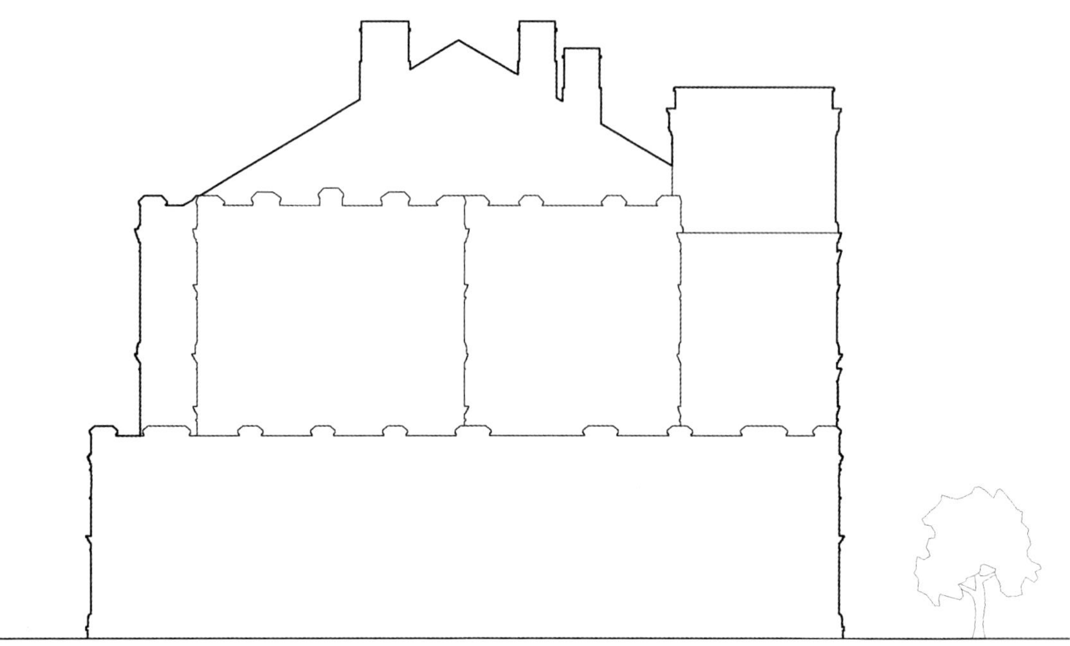

图6-20　体量关系

图6-21　对称与变化

图6-22　立面凹凸

◆　图6-22：立面凹凸是建筑立面非常重要的语言，通过门窗与实墙、凸凹与退进传达出建筑生动、人性化的情感特性。



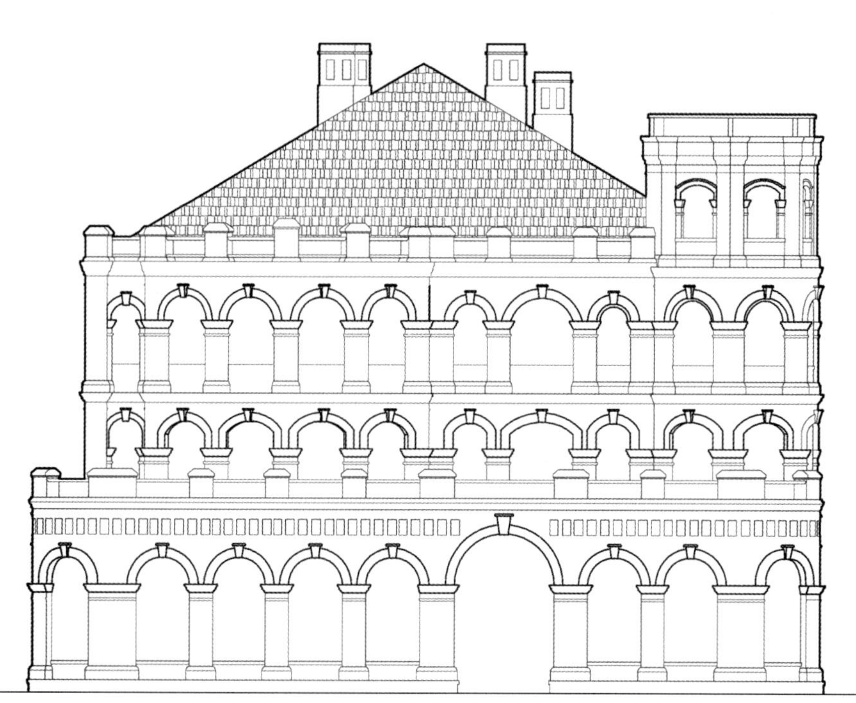

图6-23　韵律

◆　图6-23，图6-24：创造韵律、营造变化，是建筑设计的一大特征，同时也对现今设计手法颇有借鉴和启发意义。

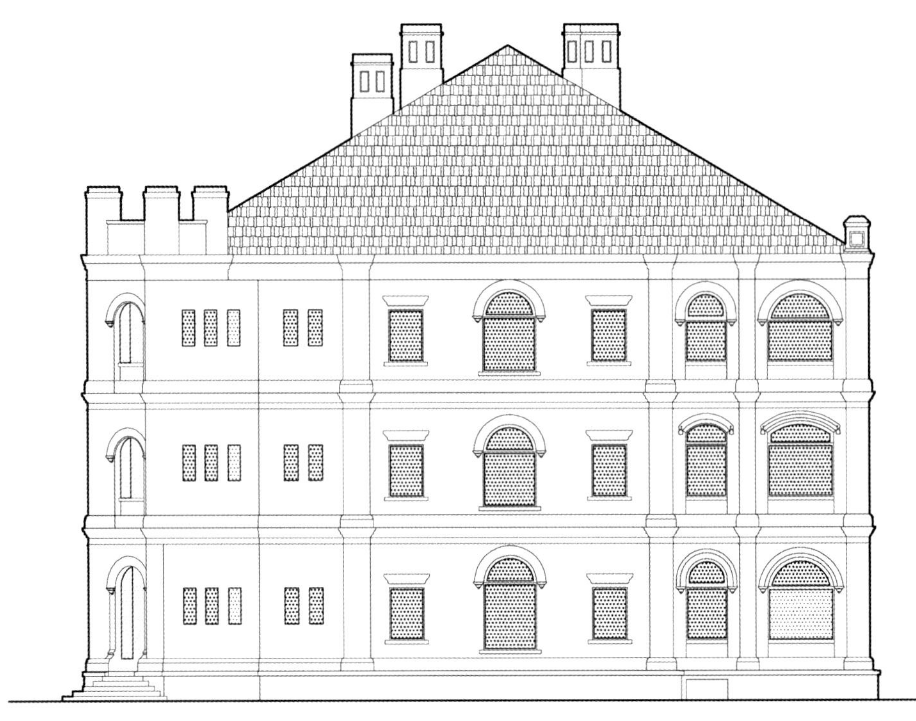



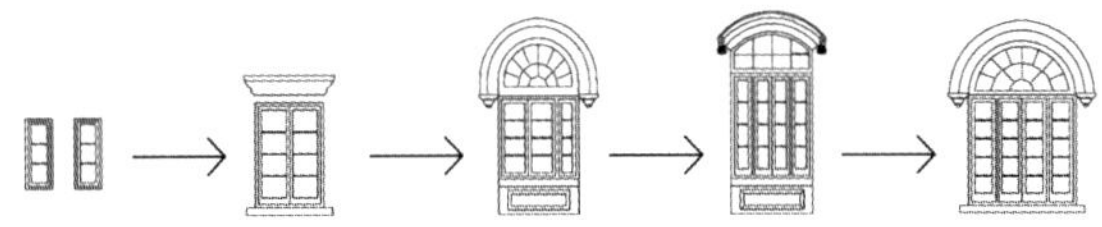

图6-24 重复与变化

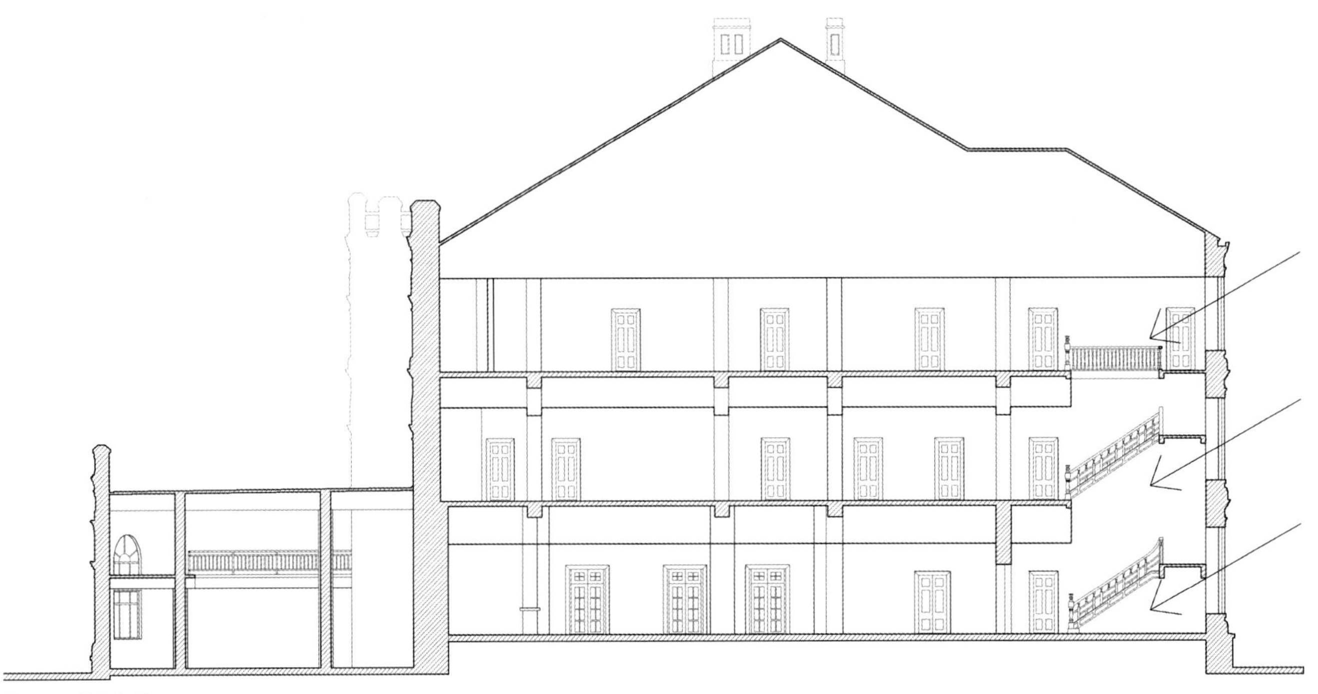

图6-25 采光分析

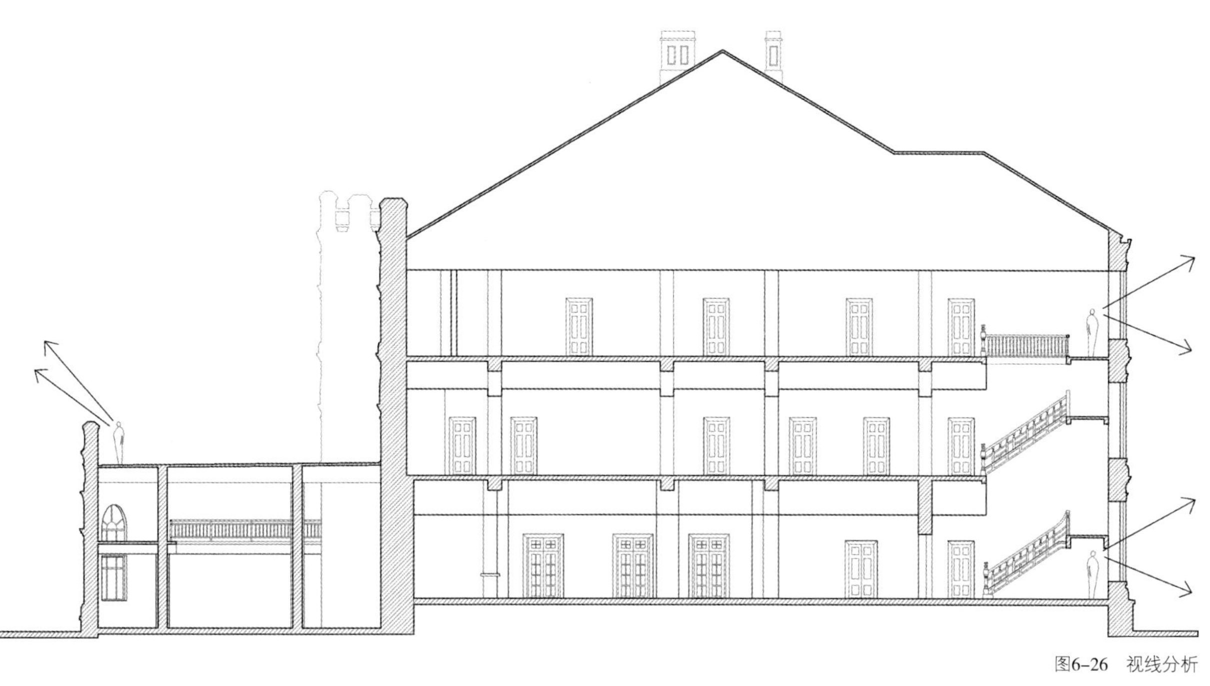

图6-26　视线分析



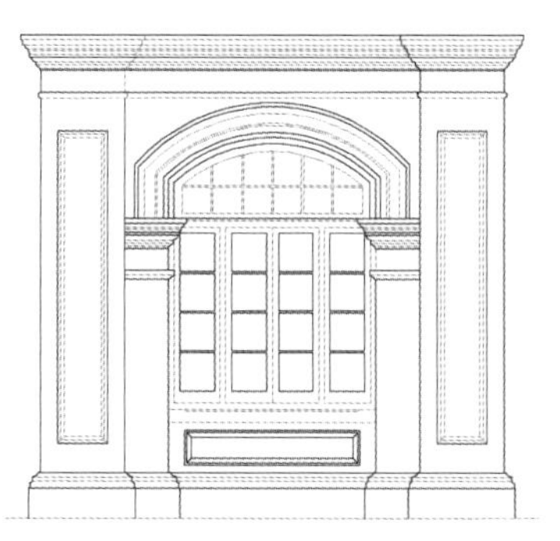

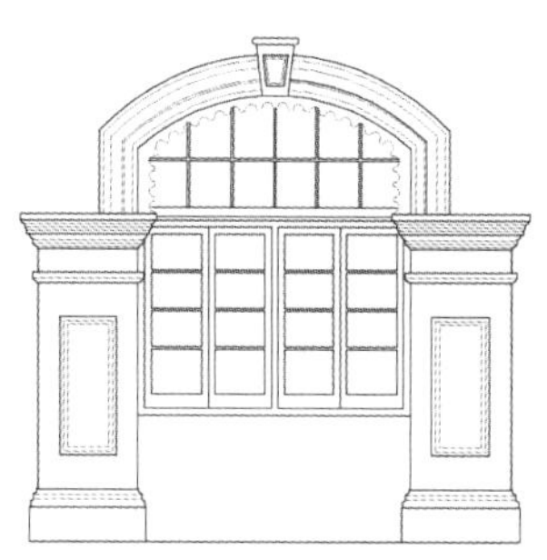

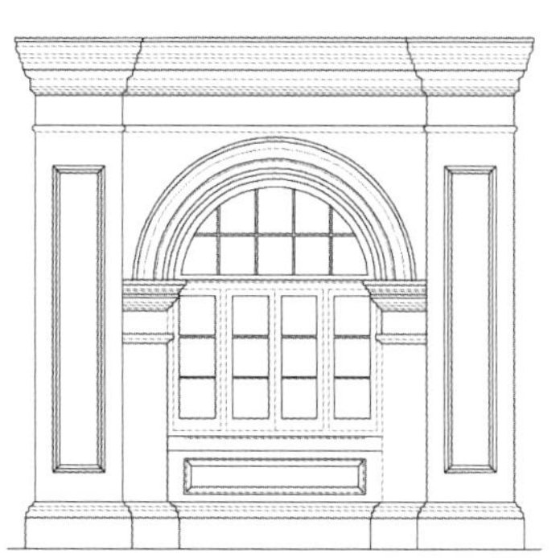

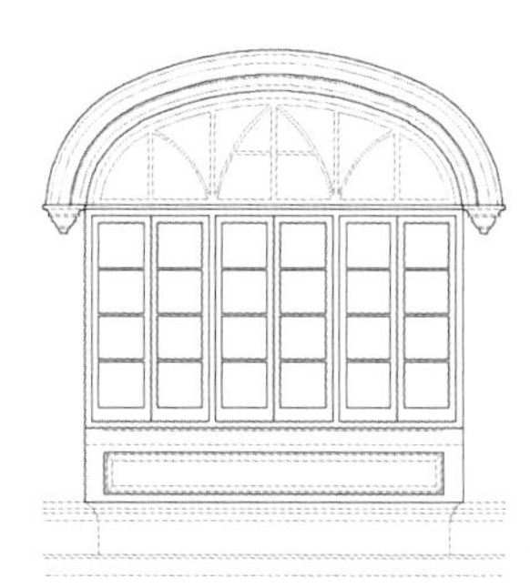

图6-27　门窗大样图

◆　图6-27，图6~28：组合门窗的运用形式新颖、通透性强、重点突出，在立面上起到调节尺度、突出轴线、强调水平或者垂直线条的作用。

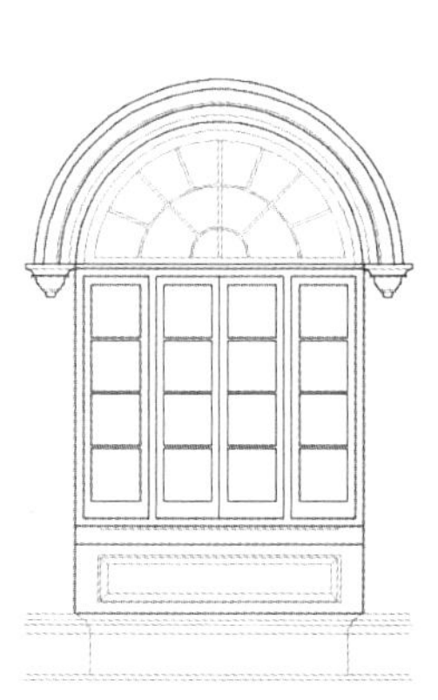

图6–28　大样图

# 07
# 第七章

# 第七章 日本领事馆

日本领事馆旧址位于汉口山海关路2号，1930年左右竣工，由日本建筑师福井房一设计，建造施工者不详，属古典主义建筑。据记载，当年的日本领事馆为砖混结构，三层，红砖清水外墙，平面为矩形，面积较大，屋顶为黑色坡屋顶，圆柱与罗马立柱支撑起四面的透空回廊，柱头雕饰精美，建筑正立面建有一座比主楼高出两层的塔楼。整个建筑典雅高贵，极具特色。现为汇申酒店。

## 第一节 历史沿革

日本领事馆历史沿革

| 时　间 | 事　件 |
|---|---|
| 1885年 | 日本在汉口设领事馆。 |
| 1891年 | 日本驻汉口领事馆关闭，其事务由上海日本领事馆代理。 |
| 1898年7月 | 日本借甲午战争之威在汉口建立租界，租界位于德租界旁，占地16.5hm²。 |
| 1907年2月 | 清政府与日本签订协议书，进一步扩大日租界范围，扩地至41.5hm²，面积仅次于英租界。 |
| 1909年10月 | 汉口日本领事馆成为总领事馆，日租界开始进行大规模建设。 |
| 1930年 | 日租界所在的山海关路新建馆舍，领事馆迁馆至此。<br>图7–1　日本领事馆老照片（图片来源于网络） |
| 1937年 | “七・七”事变爆发，日本交还租界，领事馆关闭一年。 |
| 1943年 | 日本将日租界交给汪精卫政府。 |
| 1944年12月18日 | 美军轰炸汉口日租界，战后大部分地区变为废墟，仅剩少量建筑。 |
| 1945年 | 抗战胜利，中国收回日租界，日本领事馆遂关闭。 |
| 1993年7月 | 日本领事馆被武汉市人民政府公布为优秀历史建筑。 |

## 第二节 建筑概览

1896年中国被迫签订《汉口日本专管租界条约》，日租界随即设立，位置紧靠德租界，东起江口，西至铁道地界，占地16.5$hm^2$。1907年又向北扩张500m，新增面积25$hm^2$，至此日租界总面积达到41.5$hm^2$。日本领事馆在日租界划定之前，设立于1885年，日本驻上海领事品川忠道奉命兼任驻汉口领事。1885年12月16日，日本驻汉口领事馆开始对外办公。由于当时日本侨民较少，事务清闲，领事馆不久便关闭，其事务由上海日本领事馆代管。日本建立租界之后，领事馆重新开馆，馆址设在今胜利街与车站路交界处西南角。1930年前后，日租界所在的山海关路兴建馆舍，领事馆也迁到了这里。

现在的日本领事馆经过改造，早已不见昔日的模样，原有的建筑格局也不复存在。楼体被加高两层，坡顶拆除改露台为平台，墙面被粉刷成了黄色，窗户旁的拱券被保留了下来，建筑侧面还残留了数根罗马贴墙柱，柱头上还有一些残留的雕饰。

日本领事馆照片详见图7-2至图7-7所示。

图7-2 日本领事馆透视图

图7-3 南立面实景图

图7-4 东立面实景图

图7-5　加建部分

图7-6　立面细部

图7-7　窗户

# 第三节　技术图则

依据建筑实测图纸，部分辅以三维建模，用技术图则方式解析日本领事馆建筑的环境布局、平面布置、功能流线、围护结构、采光及通风等规划建筑诸元素。日本领事馆技术图则详见图7-8至图7-24所示。

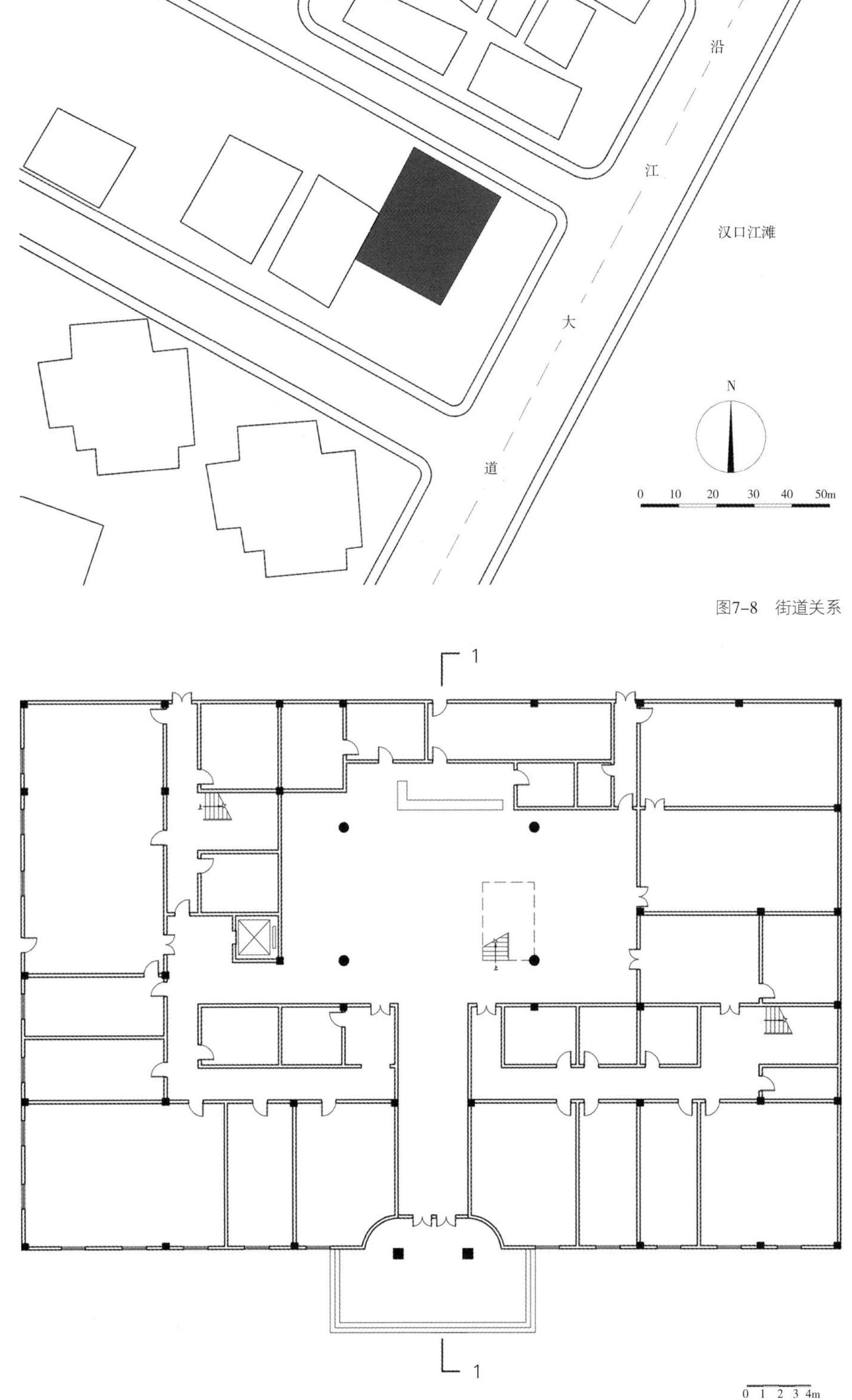


图7-8　街道关系

图7-9　一层平面图

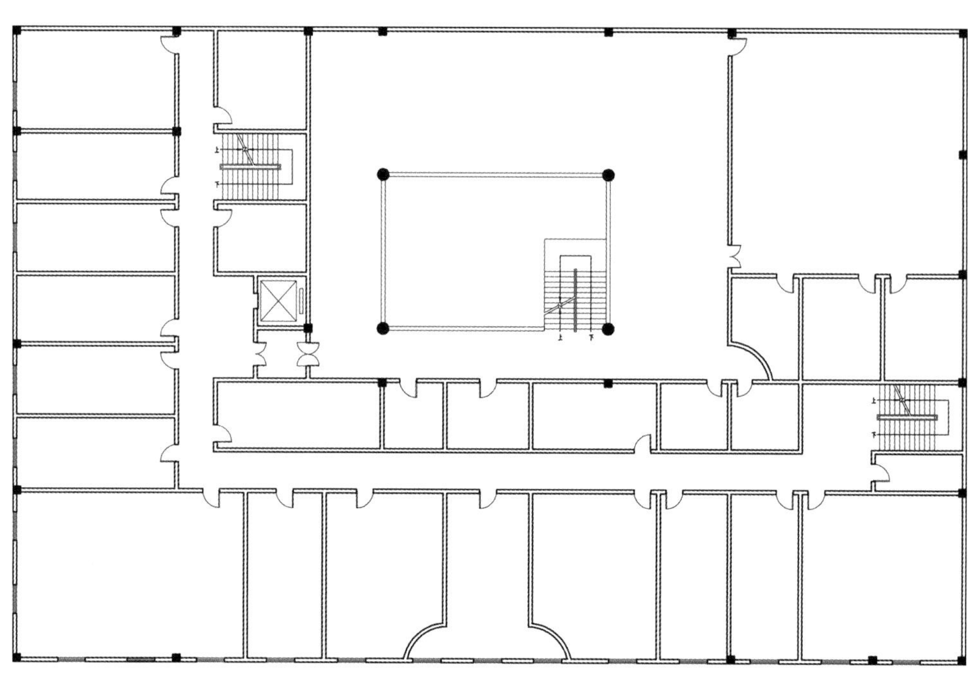


图7-10　二层平面图

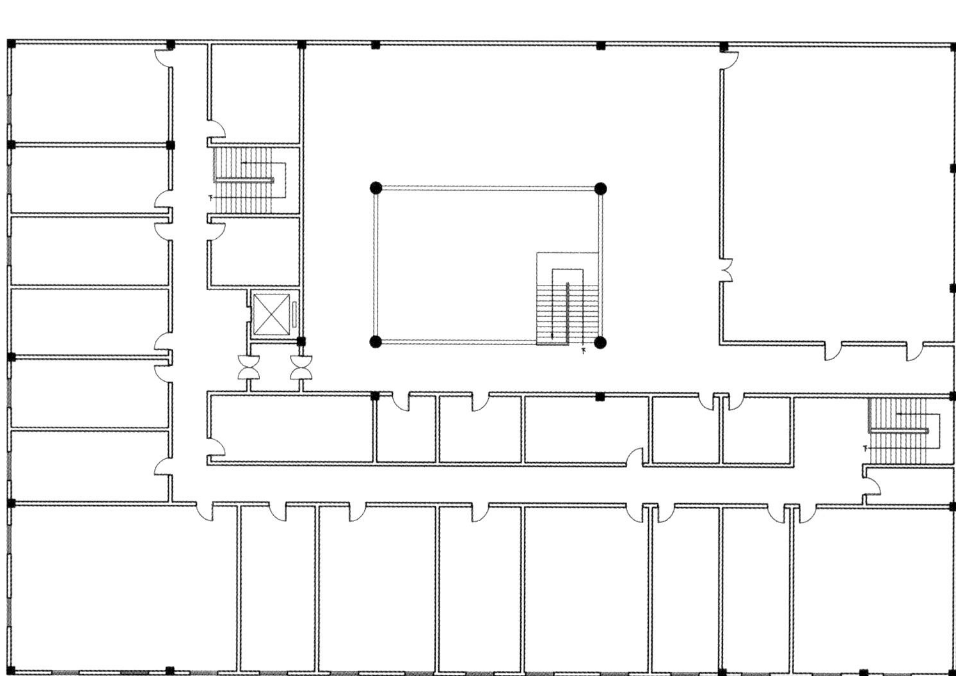


图7-11　三层平面图

图7-12　东立面图

图7-13　南立面图

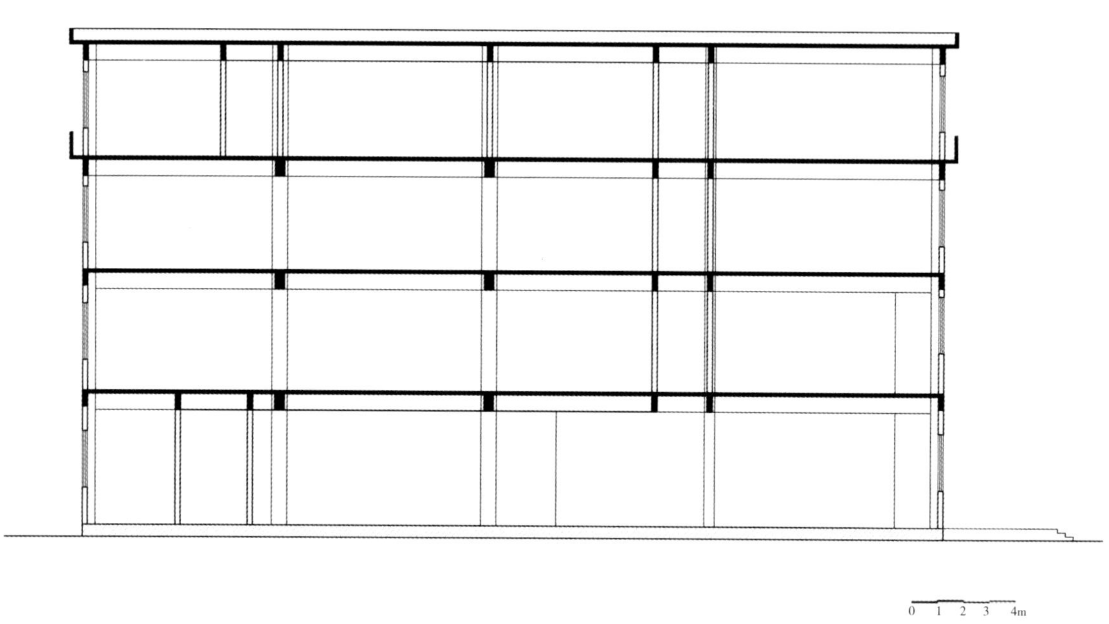


图7-14　1-1剖面图

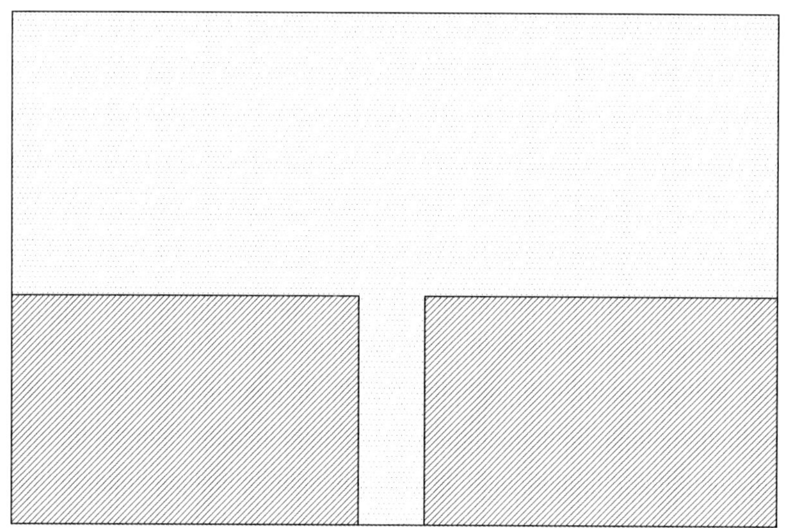


图7-15　公共空间与私密空间

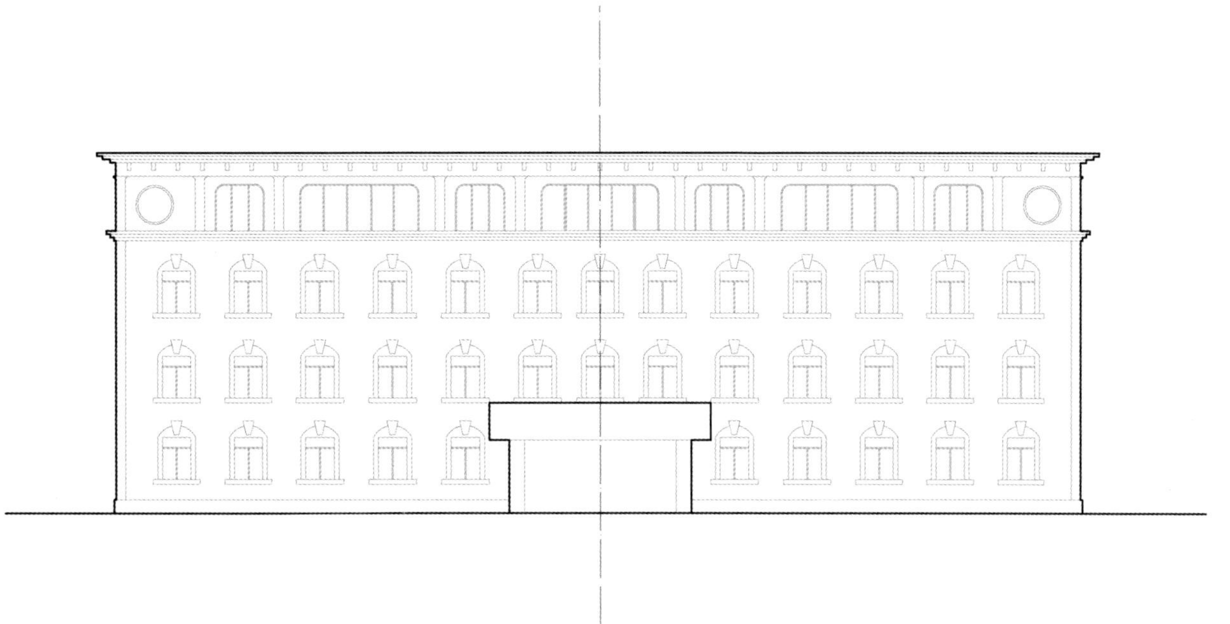

图7–16　对称与均衡

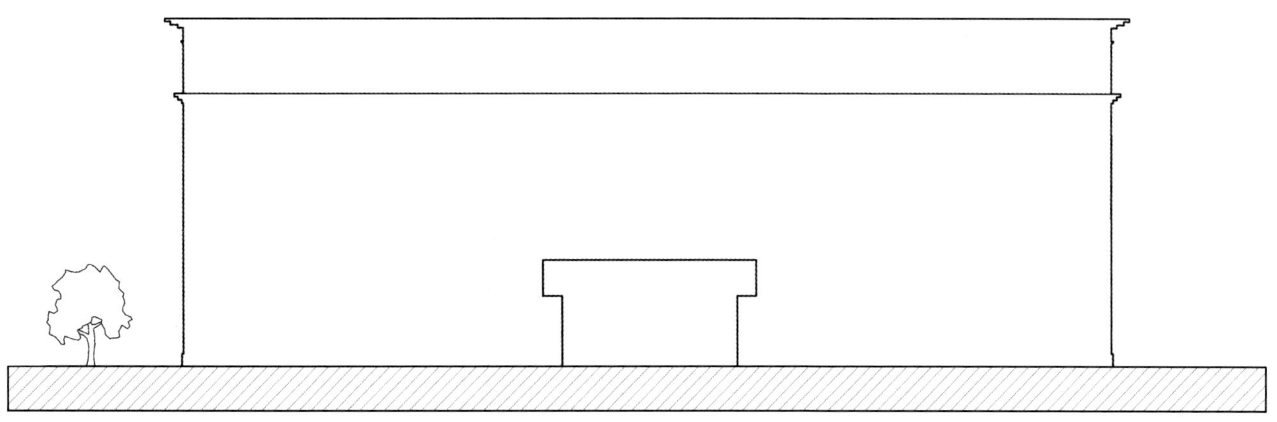

图4–17　体量关系

图7-18　原有建筑与新建建筑

图7-19　立面凹凸

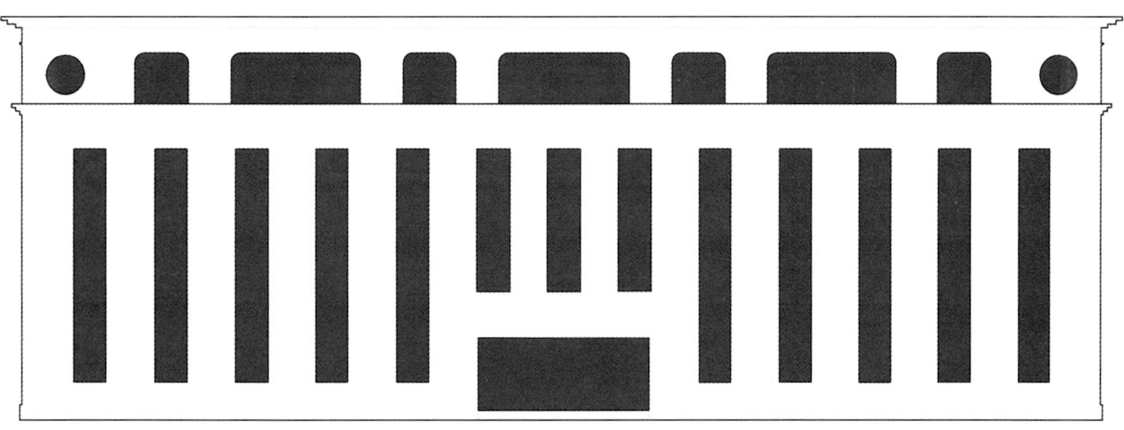

图7-20　韵律

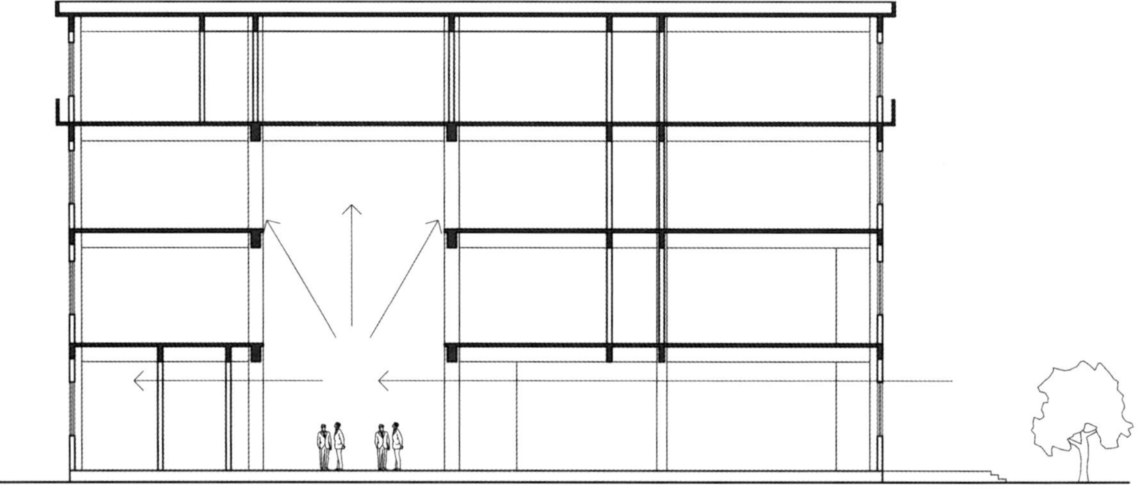

图7-21　空间对比与变化

图7-22　视线分析

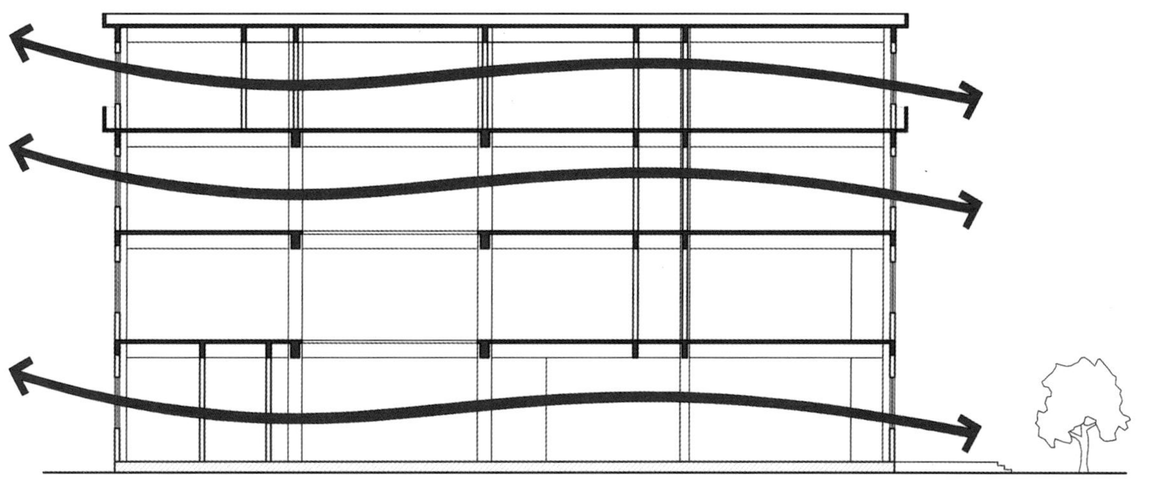

图7-23　通风分析

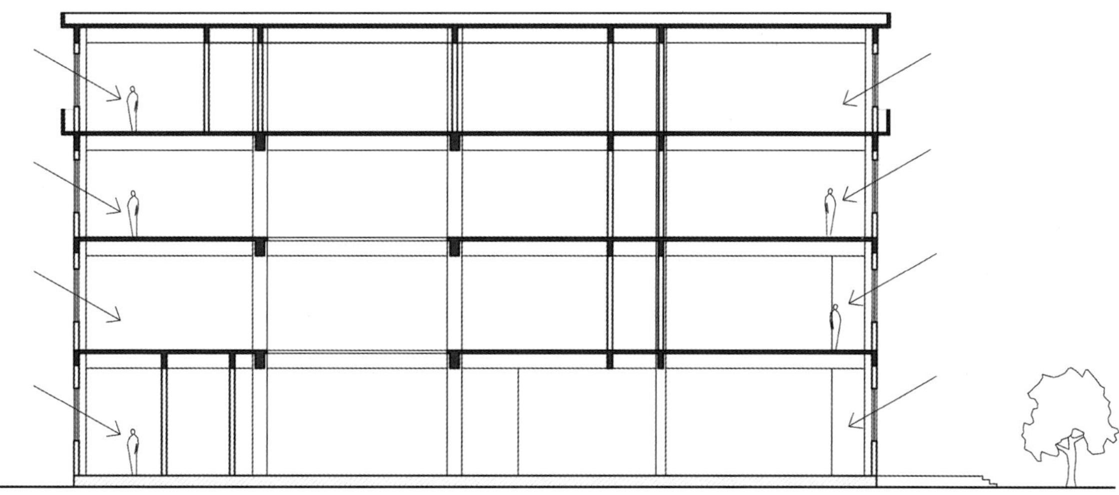

图7-24　采光分析

# 附录：武汉近代领事馆建筑年表

| 图例 | 名称 | 地点 | 说明 | 年代 |
|---|---|---|---|---|
|  | 英国领事馆 | 汉口天津路10号 | 1861年，汉口划定英租界。英租界的第一栋建筑，就是英国驻汉领事馆官邸，原名“英国工部长官官舍”。 | 1861年 |
|  | 瑞典领事馆 | 昙华林107号 | 瑞典领事馆于1906年开馆，馆舍设于俄租界黎黄陂路。1948年，瑞典传教士夏定川将瑞典驻武汉领事馆从汉口迁到了武昌昙华林的瑞典行道会华中总会大院内。瑞典领事馆由中华基督教瑞典行道会于1890年建造，两层砖木结构，均使用上等建材，建筑平面为矩形。 | 1890年 |
|  | 法国领事馆 | 汉口洞庭街81号 | 法国领事馆旧址现位于江岸区洞庭街87号，1892年重建，系南亚殖民风格庭院建筑，院内有门房、车库。领事馆四周建有花园，花园里有各类植被，树木茂盛，与外界有围墙相隔。 | 1892年 |
|  | 德国领事馆 | 汉口沿江大道130号 | 德国驻汉口领事馆旧址位于一元路2号，临沿江大道而建，面江朝东，位置显要，是德国派驻武汉的领事级别外交代表机构。由韩贝（德）设计，1895年建成，地上两层，地下半层，砖木结构。 | 1895年 |

| 图例 | 名称 | 地点 | 说明 | 年代 |
| --- | --- | --- | --- | --- |
|  | 俄国领事馆 | 汉口洞庭街74号 | 在俄租界划定之前，俄国领事馆于1896年在汉阳设立。俄租界划定之后，俄政府遂于汉口筹建新馆。俄国人在这片大院内建成了一个低层建筑群，其间共建有九栋两层的高级豪华附属楼房。 | 1902年 |
|  | 美国领事馆 | 汉口车站路1号 | 汉口美国领事馆旧址位于江岸区车站路1号，建成于1905年，是武汉少有的巴洛克式建筑，有欧洲中世纪城堡之风。领事馆大楼主体建筑为三层砖混结构，建筑面积2941m$^2$。 | 1905年 |
|  | 日本领事馆 | 汉口山海关路2号 | 日本领事馆旧址位于汉口山海关路2号，1930年左右竣工，由日本建筑师福井房一设计，建造施工者不详，属古典主义建筑，现为汇申酒店。 | 1930年 |

# 参考文献



1. 湖北省地方志编纂委员会. 湖北通志：大事件［M］. 武汉：湖北人民出版社，1994.

2. 湖北省建设厅. 湖北近代建筑［M］. 北京：中国建筑工业出版社，2005.

3. 武汉地方志编纂委员会. 武汉市志：社会志［M］. 武汉：武汉大学出版社，1997.

4. 陈李波. 城市美学四题［M］. 北京：中国电力出版社，2009.

5. 涂勇. 武汉历史建筑要览［M］. 武汉：湖北人民出版社，2002.

6. 蒙涯. 探寻汉口租界建筑与建筑风格［J］. 中外建筑，2012.

7. 吕淑梅，刘莹，周洪军. 浅析武汉建筑的历史变迁及发展前景［J］. 华中建筑，2008（04）.

8. 王伯扬. 中国近代建筑艺术随笔［J］. 建筑师，2003（04）.

9. 胡庆. 汉口租界近代建筑研究［D］. 华中科技大学，2007.

10. 国静. 烟台近代领事馆研究［D］. 湖南大学，2011.

11. 张世栋. 租界建筑的保护和再利用——以汉口原俄租界公共建筑为例［D］. 华中科技大学，2007.

12. 王晓堂. 汉口租界公共建筑存续关系研究——以宗教、金融类建筑为例［D］. 华中科技大学，2005.